놀라운
피부

KB191890

생각하고 맛보고 감각하는
제3의 뇌

놀라운
피부

덴다 미츠히로 지음
김은영 옮김

동아 엠앤비

  저는 이 책에서 '시스템system'에 관해 생각해 보려고 합니다.
저는 피부가 몸과 마음(감정)에 함께 영향을 미친다고 오랜 시간
생각해 왔습니다. 우리 몸은 주변의 환경, 예를 들어 온도나 습도
같은 것들이 변화해도 언제나 정해진 온도(37℃)를 지키며 생명
과 함께 그 과정에 필요한 기능을 유지합니다. 이를 위해서 늘 환
경에 노출되어 있는 피부는 중요한 역할을 하고 있습니다. 저는
이런 관점에서 생명과 마음에 관해 논해 왔습니다.

  이 책에는 이러한 관점을 넓혀 '시스템' 그 자체에 대해 생각해
보려 합니다. 특히 시스템의 피부, 시스템의 경계가 하는 역할까
지 생각해 보고 싶습니다.

먼저 '시스템'이라는 말을 사전에서 찾아볼까요?

- **시스템** : 여러 개의 요소가 유기적으로 관계를 맺고, 전체로서 합쳐진 기능을 발휘하는 것. 또는 그러한 요소들의 집합체. 조직. 계통. 구조.

'유기적'은 또 뭘까 찾아보니,

- **유기적** : 유기체처럼 여러 개의 부분이 모여 하나의 덩어리를 만들고, 그 각 부분이 긴밀하게 통일되어 있어 부분과 전체가 필연적 관계를 이루는 것.

그럼 '유기체'라는 건 대체 뭘까요.

- **유기체** : ① 생활 기능을 가질 수 있도록 조직된 생물체. 다시 말해 생물이 다른 물질계와 차별성을 갖게 하는 언어. ② 대부분의 부분이 하나로 조직되어 있고, 각 부분이 일정한 목적하에 통일되어 부분과 전체가 필연적 관계를 갖는 것. 자연적인

것 외에 사회적인 것에도 사용된다.

이 정도만 정리해도 시스템이라는 단어는 인간 또는 생물의 신체, 장기 등이 변화하는 외부 환경 안에서 언제나 자신의 생명을 유지하기 위해 진행하는 작업, 그것도 부분으로부터 전체로 매우 교묘히, 체계적으로 정보나 에너지가 통제되고 있는 체제들을 설명하기 위해 만들어진 것임을 알 수 있습니다.

우리의 생활을 위한 도구, 특히 증기기관의 발명으로부터 현대의 정보공학 기술의 발전까지 이어지는 역사 속에서 시스템이라는 단어는 여러 분야에서 매우 넓게 사용되고 있습니다. 예를 들어 '정보관리 시스템'이나 '안전보장 시스템'같이요.

또한 인간이 하고 있는 집단적인 행동에까지 시스템이라는 단어가 사용되고 있습니다. 봉건주의, 국가주의, 전체주의, 공산주의, 자본주의, 민주주의 등 인간의 집단을 통제하기 위한 '주의'가 나타나면서 이런 사회 장치가 시스템이라는 단어 안에서 비판받고, 평가받으며, 부정되어 왔습니다.

피부 연구자인 저는 한결같이 경계로서의 피부가 인체라는 시스템에서 행하는 역할에 대해 여러 기회를 통해 말해 왔습니다.

놀라운 피부

그리고 이제 그러한 관점을 바탕으로 인체생리에 국한되지 않고 인간의 집단이나 행위까지 이야기할 수 있지 않을까 하는 생각에 도달했습니다.

독자 여러분은 자신이 속하거나 관련을 맺고 있는 조직의 관리 시스템이 성가시다고 생각한 적은 없나요?

민간 기업에서 일하는 사람이든 공무원이든 어느 정도 크기의 조직에 속해 있으면 어쩐지 조직의 관리 시스템이 자신의 의사를 방해하고 있다고 생각하게 되지 않나요?

제 친구 중에는 프리랜서 작가, 디자이너, 사진작가가 있습니다. 회사나 관공서에 속해 있지 않은 그들도 종종 어떤 조직, 관리 시스템에 의해 부자유를 느낀 적이 있다고 이야기합니다. 또 원래는 정신적 자유가 보장되어야 할 연구 활동을 하고 있는 국내외의 친구들 역시 같은 내용의 불만을 토로하는 경우가 있습니다. 시스템이 개인의 의사와 자유로운 발상을 방해한다는 불평이 여기저기서 들리는 것이죠.

한편으로는 각각의 조직 관리 시스템에 부합하는 사람이 조직에서 출세한다고 질투받거나 본인이 질투한 경험이 있지 않나요?

또는 반대로 조직의 관리 시스템을 거슬렸다는 이유로 조직에서 떨려 나거나 승진에서 밀린 사람들의 이야기를 듣는 등 본인이 그런 '관리 시스템의 벌'을 받은 경험이 있지 않나요? 이런 일들 때문에 관리 시스템이 개인의 존엄을 저해하고 있다고 느끼는 사람이 많을 거라 생각합니다.

"시스템(고도관리사회)은 하이테크 덕분에 심리적 또는 생물적으로 인간을 개조해 인내의 한계를 무한히 확대한다. 시스템에 적합하지 않는 것은 '질병'이 되고, 적합해지는 것은 '치료'가 된다. 이런 개인은 자율적으로 목표를 달성할 수 있는 파워 프로세스를 파괴당하고, 고도관리사회가 강요하는 타율적인 대체 파워 프로세스에 사로잡혀 있다. 자율적 프로세스를 원하는 것은 '질병'으로 여겨지는 것이다."

어떤가요. "맞는 소리야"라고 동감하는 분이 많을 거라고 생각되네요.

사실 이 인용문은 1970년대부터 1995년까지 미국 사회를 공포로 몰아넣은, 별명 '유나바머UnABomber'로 더 잘 알려진 소형

놀라운 피부

폭탄 테러범 시어도어 카진스키Theodore John Kaczynski가 구속되기 전《워싱턴 포스트》에 게재를 요청한 글입니다.* 카진스키는 명문 하버드대학을 졸업하고, 역시 명문인 캘리포니아대학 버클리교에서 수학 교수로 일하던 인재였습니다. 하지만 젊은 나이에 은둔 생활에 들어가, 결국 대학이나 공항에 폭탄을 보내 많은 사상자를 낸 범죄자가 되고 말았습니다.

이 인용문을 번역한 오치越智 씨는 카진스키의 논문에 대해 "깊이가 얕다", "문제 해결을 테러로 매듭지으려는 인물의 경우, 사상화는 자신의 결함을 은닉하려는 가면인 측면이 강하다"고 평했습니다.

저도 오치 씨의 의견에는 동의하고, 또 카진스키의 범죄를 두둔할 생각은 털끝만큼도 없습니다. 그래도 카진스키의 글 속에 제 심정과 겹치는 부분이 있다는 것 역시 부정할 수 없습니다.

이런 시스템은 어떤 경과로 어떻게 태어난 것일까요? 전 지금까지 개체와 환경의 경계에 있는 피부가 현대 인류의 자의식이나

---

* '지나치게 단락적인 유나바머의 '대의명분'(短絡的すぎたユナボマーの大義名分)', 오치 미치오 옮김,《세카이이슈보》, 1996년 5월 21일호.

사회성의 형성에 큰 역할을 했으리라고 생각해 왔습니다. 그래서 이 책에서는 인간 사회에 존재하는 시스템에 관해서도 피부 과학의 입장에서 고찰해 보려고 합니다.

터무니없는 가설로 끝날지도 모르지만 이런 시점을 제시하는 것으로 우리를 둘러싸고 있는 시스템이 과연 어떤 것인지 다시 한 번 돌아보는 계기가 마련되지 않을까 꿈꿔 봅니다.

홀로 성큼성큼 걸어 나가기 시작한 시스템이라는 존재를 원래의 자리로 되돌리고, 신체 시스템과 환경의 경계를 차지하는 피부가 애초에 어떤 것이며 어떤 능력을 가지고 있는지 다시 파악하여, 단순한 생리 현상부터 시스템의 기조가 되는 문화나 언어의 기원까지 이론을 펼쳐 제 나름대로 앞으로 어떤 미래가 우리를 기다리고 있을지 예측해 보고자 합니다.

제1부

경계에
존재하는
지능

"혼이 머무는 곳은 내계와 외계가 맞닿는 곳에 있다. 내계와 외계가 서로에게 침투하려고 하는 곳에서는, 침투하는 모든 것의 장소가 혼이 머무는 곳이 된다."

"접촉이 있으면 반드시 어떤 실체가 생겨나고, 그 실체의 움직임은 접촉이 이어지는 동안 지속된다. 이것이 한 객체의 총합적 변화의 근원이 된다. 단, 접촉에는 일방적인 것과 상호적인 것이 있는데, 전자가 후자의 근원이다."*

---

* 「화분(花粉)」, 『노발리스 작품집 제1권 사이스의 제자들·단장(ノヴァーリス作品集 第1巻 サイスの弟子たち・断章)』, 노발리스 지음, 이마이즈미 후미코 옮김, 치쿠마분코

흔히 '지능'은 뇌에 존재한다고 사람들은 생각하곤 합니다. 이 때문에, 예를 들어 로봇 제조를 고려할 때 보통 뇌를 대신하는 중앙처리장치CPU가 꼭 필요하다고 생각하지요.

그렇지만 드넓은 생물 세계를 들여다보면 그런 중앙처리장치, 즉 뇌가 없어도 고도의 판단이나 행동을 하는 존재들이 수없이 많습니다. 예를 들어 불가사리는 모래 속의 조개를 발견하면 그 속으로 파고들어 껍데기를 연 뒤 알맹이를 먹습니다. 우리가 대합을 채취해 속을 파먹는 작업을 생각하면, 상당히 난이도가 높은 작업인 것을 알 수 있습니다. 하지만 불가사리에게는 뇌가 없습니다.

이러한 뇌가 없는 생물 또는 최근의 로봇 연구, 그리고 몇 개의 생리화학 연구를 살펴보면 오히려 로봇처럼 생명체가 아닌 물질이 동물처럼 판단하고 행동하기 위한 '지능'은 그 물질과 환경의 경계에 존재하는 것처럼 보입니다. 이 장에서는 그러한 '경계에 존재하는 지능'의 여러 면모에 대해 소개하겠습니다.

놀라운 피부

짚신벌레는 하나의 세포로 이루어진 생명체, 즉 단세포 생물입니다. 물론 뇌는 없습니다. 세포막과 그 위에 가느다란 털 같은 섬모가 있을 뿐입니다. 그러나 장애물을 만나면 피합니다. 자신의 생명에 관계된 고온, 저온, 극단적인 산성, 염기성 물로부터 도망갑니다. 그리고 먹이가 되는 세균을 발견하면 가까이 다가가 잡아먹을 수 있습니다. 이런 여러 가지 판단과 행동은 모두 짚신벌레의 '피부'에 해당하는 세포막으로부터 비롯된 기능입니다.

이 책에서는 '수용체'라는 단어가 자주 나올 겁니다. 그것을 먼저 설명해 두죠. 생물체의 '수용체'는 단백질 분자로 이루어진 일종의 스위치입니다. 압력, 빛, 전기 등 생리적인 자극 또는 화학물질, 산성과 염기성, 호르몬 같은 분자, 이런 것들에 반응해 스위치가 열리고 여러 가지 생화학적 현상이 시작됩니다.

짚신벌레가 가진 기능을 볼까요? '무언가에 부딪힌다'는 자극이나 온도, 화학물질을 느끼는 수용체가 짚신벌레의 피부에 해당하는 세포막에 있어서 그곳으로부터 받아들인 자극이 스위치가 되어 그 부분에 있는 섬모라 불리는 실 같은 부품, 달리 말하면 보트의 노와 같은 부분이라고 할까요, 그 부품을 움직입니다. 아주 간단한 구조지요.

캘리포니아대학 로스앤젤레스 캠퍼스UCLA나 오사카대학에서는 무언가에 부딪히는 자극이나 온도 변화가 일어났을 때 짚신벌레의 세포막에 일어나는 전기적 변화를 연구하고 있습니다.[1, 2] 이에 따르면 짚신벌레는 무언가에 부딪히면 그 부분의 막의 전기 상태가 변하고 이로 인해 신체를 이동시키는 섬모가 부딪힌 부분에서부터 움직이기 시작합니다.

좀 더 상세하게 설명해 보겠습니다. 짚신벌레의 선두, 쉽게 말해서 머리에 '부딪히는 자극'이 발생하면 세포막 안쪽과 바깥쪽의 전위차가 사라지고(신경 과학에서 흥분에 해당하는 '탈분극'이라는 현상), 반대로 꼬리 부분을 자극하면 안쪽의 전위차가 커집니다(신경 과학에서의 '과분극'). 그리고 선두가 무언가에 부딪혀 탈분극이 됐을 경우, 섬모 막에 있는 '칼슘 나트륨 채널'이라는 칼슘 이온만을 통과시키는 구멍을 통해 칼슘이 흘러들어갑니다. 그 결과로 섬모의 움직임이 빨라지는 탓에 헤엄치는 속도 역시 빨라집니다. 이런 작용 덕분에 짚신벌레가 물속에서 무언가에 부딪혔을 때 그것을 피할 수 있다는 것이 오사카대학 나카오카 야스오中岡

놀라운 피부

保夫 박사의 설명입니다.

또한 온도에 대해서도 선두부에서는 온도가 높아지면 탈분극이 일어나고, 꼬리 부분에서는 반대로 온도가 내려가면 탈분극이 일어납니다. 이 때문에 장소에 따라 섬모의 움직임이 바뀌고 그 결과 짚신벌레는 자신에게 '쾌적한' 온도가 유지되는 장소로 이동할 수 있다고 합니다.

물의 산성, 염기성, 먹이가 되는 세균의 존재가 일으키는 화학적인 자극도 수용체에서 감지해 이에 따라 섬모를 움직이기 시작합니다.

이들 수용체가 받아들인 정보를 집중 처리하는 뇌 같은 조직은 그 어디에도 없습니다. 모든 자극을 받아들인 각 부위가 반응해서 움직이는 것뿐입니다. 그럼에도 불구하고 짚신벌레는 '판단'하고, 자신의 생명 유지에 맞는 '행동'을 취하는 것입니다.

살아 있는 것 같은 로봇

다음은 로봇에 관해 이야기하겠습니다.

인간이나 동물같이 행동하는 로봇, 아톰이나 아라레(만화 『닥터 슬럼프』의 주인공인 소녀 모습의 로봇 – 옮긴이)를 상상해도 상관없습니다. 혹시 그런 로봇에게는 뇌에 해당하는 전자두뇌가 반드시 필요하다고 생각하십니까? 하지만 실제 로봇 연구자에 따르면 전자두뇌는 반드시 필요하지는 않습니다.

1950년대 미국의 바덴 신경과학연구소에서 일하던 그레이 월터W. Grey Walter 박사는 '거북이'라는 별명의 로봇을 만들었습니다. 이 거북 로봇은 빛을 감지하는 센서와 접촉을 감지하는 센서, 그리고 방향을 바꾸기 위한 모터(키 모터)와 움직이기 위한 모터(구동 모터)로만 이루어져 있습니다. 빛을 감지하면 키 모터가 정지합니다. 무언가와 접촉하면 빛 센서가 일단 정지하고, 키 모터와 구동 모터가 움직이고 멈추는 것을 빠른 속도로 반복합니다. 딱 이렇게만 이루어져 있습니다. 그러나 이 거북 로봇은 생물체와 같은 행동을 보여 주었습니다.[*]

방에 광원이 있으면 거북 로봇은 빛을 향해 달려갑니다. 어떤 이유로 진로가 바뀌어도, 한동안 이곳저곳을 둘러본 뒤 다시 광

---

[*] 『브룩스의 지능 로봇론(ブルックスの知能ロボット論)』, 로드니 브룩스 지음, 고미 다카시 옮김, 옴샤(한국어판: 『로드니 브룩스의 로봇만들기』 박우석 옮김, 바다출판사)

놀라운 피부

원을 발견하고 달려갑니다. 방 안에 있는 장애물에 부딪히면 거북 로봇은 그 장애물을 피해 전진하든가, 장애물을 밀어 버렸습니다.

거북 로봇을 발명한 월터 박사는 거북 로봇을 '유사 생명', '학습하는 기계'라고 불렀습니다.[3, 4]

그러나 이 거북 로봇에게는 전자두뇌, 즉 정보를 모아서 처리하는 장치CPU는 달려 있지 않습니다. 당시의 전자회로는 진공관으로 이루어져 있었기 때문에, 이런 복잡한 CPU를 만들고 로봇에 다는 작업 자체가 기술적으로 어려웠겠죠.

그 후 전자공학의 기술은 눈부시게 발전을 거듭해 진공관으로부터 트랜지스터로 바뀌고, 또한 집적회로가 발명되어 그 성능이 향상되어 왔습니다. 그러니 누구나 인간의 두뇌 같은 CPU가 내장된 로봇을 만들면 거북 로봇과는 비교도 안 될 만큼 고성능 로봇이 나올 거라고 생각했겠지요.

몇 번인가 실험이 이루어졌습니다. 예를 들어 로봇에 TV 카메라와 초음파나 레이저 광선을 이용해 주변과의 거리를 측정하는 장치를 달아 이동하는 도중 주변의 지도를 내부(CPU, 또는 전자두뇌)에 만들게 합니다. 이것은 어딘가에 벽이나 장애물이 있다는 정보를 이동하면서 모으고 주변의 환경을 이미지로 만들어 지도를 제작하며 장애물을 피해 전진하는 로봇, 즉 '확인하고 기억하는' CPU를 내장한 로봇입니다. 그러나 그 결과는 안타깝게도 겨우 짧은 거리만 간신히 움직이는 게 전부이거나 장애물의 그림자에 속는 등, 거북 로봇의 '살아 있는 것 같은' 움직임과는 거리가 멀었습니다.

매사추세츠공과대학MIT의 로드니 브룩스Rodney Brooks 박사는 이런 결과를 바탕으로 다음과 같이 기술했습니다. "로봇 안에 컴퓨터에 의한 정밀한 세계 모델을 내장하고 유지할 필요가 없다. 외부의 상황을 알 필요가 있다면, 로봇은 센서를 통해 바깥 세계를 참조하면 된다."[*]

즉, '살아 있는 것 같은' 동작이 가능한 로봇의 '지능'에 필요한 것은 '정보를 수집한다', '움직인다', '탐색한다' 같은 '행위'를 하며 직접 '판단과 행동'을 할 수 있는 구조입니다. 다시 말해 동작을 시작하기 전에 환경을 확인하고, 환경의 상태를 내부의 CPU에 기억해 가며 거기에 맞는 행동을 하게 할 정도의 구조는 필요

---

[*] 『브룩스의 지능 로봇론』, 앞과 동일

없다는 이야기지요.

그 이후 브룩스 박사는 적외선을 감지하고 다리 여섯 개로 장애물을 뛰어넘어 적외선을 방출하는 물체를 추적하는 로봇을 만들었고, 이 연구는 화성 탐사에서 활약하는 로봇으로까지 발전했습니다. 최근 널리 팔리는 '로봇 청소기'도 방의 상태를 확인하고 청소를 하는 것이 아니라, 벽에 부딪히거나 적외선 센서로 장애물을 감지하면 방향을 바꾸는 간단한 원리로 방 전체를 청소합니다.

모굴스키(모굴, 즉 눈 언덕의 경사면을 따라 내려오며 여러 기술과 속도를 겨루는 스키 경기 - 옮긴이)를 보면 선수는 허리 아래로 눈 표면의 요철을 판단하고 순간적으로 다리를 적절히 움직이는 것처럼 보입니다. 이렇게 쓰면 모굴스키 선수가 화를 낼지도 모르겠네요. 하지만 로봇 공학에서는 이러한 생각 방식이 반드시 틀린 것만은 아니라는 사실이 밝혀져 있습니다.

스위스 연방공과대학 취리히 캠퍼스의 이다 후미야飯田史也 박사는 '퍼피Puppy'라고 하는 사족 보행 로봇을 개발했습니다. 앞에서 말한 브룩스 박사의 로봇처럼 CPU는 달려 있지 않습니다. 로봇의 발목, 무릎, 복사뼈에 해당하는 부분의 관절은 스프링으로 연결되어 있습니다. 그리고 이 관절을 앞뒤로 움직이는 모터가

'어깨'와 '엉덩이'에 네 개 달려 있고, 이들의 연동으로 움직일 수 있습니다. 중요한 점은 발에 지면과의 접촉을 감지하는 센서가 달려 있다는 것입니다. 이 머리가 없는 개처럼 생긴 로봇은 스스로 지면의 요철을 알아내면서 걸을 수 있습니다. 네 다리를 움직이는 장치와 지면을 발이 감지하는 구조, 이것만으로 걸을 수 있는 것이죠.[5]

브룩스 박사의 로봇도, 이다 박사의 로봇도 외부 자극을 감지하는 센서와 환경의 상호작용을 통해 올바른 판단과 행동을 도출해 냅니다. 어쩐지 앞서 이야기한 짚신벌레 같지 않나요?

~~~~~~~~~~   **장뇌樟腦의 지능**

생명이 없는 물질조차 표면과 환경의 상호작용으로 판단하고 행동하며, 일종의 기억마저 가진다는 예시가 있습니다.

히로시마대학의 다나카 사토시田中聰 박사는 마치 생명을 가진 것처럼 '행동'하는 간단한 실험 장치들을 발표해 왔습니다. 그 중 하나가 작은 장뇌 조각이 보여 주는 놀라운 '행동'입니다.

장뇌는 아시다시피 방충제로도 사용되고 있습니다. 예전에는 막과자집에서 작은 배 모양의 플라스틱판 뒤쪽에 장뇌를 놓아 둔 형태의 '장뇌선'이라는 장난감을 팔았다고 합니다. 이것을 물에 띄우면 수면을 따라 배가 움직입니다.

이 구조를 설명하자면 다음과 같습니다. 장뇌의 작은 조각을 물에 띄우면 물과 장뇌의 경계면으로부터 물로 장뇌 분자가 퍼지면서 그 위치에 있는 물의 표면장력이 줄어듭니다. 여기서 장뇌 조각의 형태나 용기를 잘 짜 맞추면, 장뇌 조각이 주기적이면서 규칙적으로 운동을 하게 됩니다. 그리고 같은 형태의 장뇌선을 여러 대 띄우면, 다른 장뇌선과 싱크로나이즈synchronize를 합니다. 또한 자신이 과거에 갔던 장소를 '기억'하기도 합니다. 그에 대한 예시 몇 가지를 소개하겠습니다.

먼저 장뇌를 '곡옥' 형태로 잘라 수면에 띄웁니다. 그러면 두꺼운 부분이 '머리'가 되어 회전을 시작합니다. 둥근 방 두 개를 이은 '호리병' 형태의 용기에 물을 채운 뒤 앞에서 말한 장뇌 조각을 띄우면, 먼저 한쪽 방에서 회전하던 장뇌가 어느새인가 다른 방으로 이동해 그곳에서 다시 회전하기 시작합니다. 그리고 얼마가 지나면 다시 처음의 방으로 돌아와서 회전합니다. 이런 주기

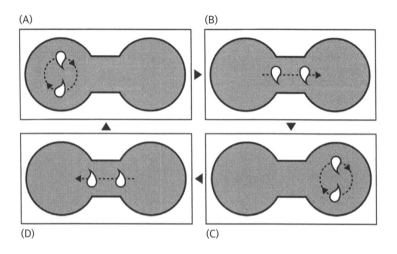

그림1 원형의 방을 잇는 용기의 수면을 주기적으로 오가는 장뇌

적인 움직임이 이어지는 거죠.(그림 1)[6]

　마치 프로그램이 된 것 같은 움직임입니다만, 이 현상에 대해서는 한쪽 방에서 계속 회전하면 그곳의 장뇌 밀도가 높아져서 옆방과의 사이에 장력 차가 발생하기 때문에 그쪽 방으로 밀려간다는 해석이 붙습니다.

　이번에는 장뇌선을 고리 형태의 용기에 채운 물 위에 띄웁니다. 그러면 장뇌선은 고리를 따라 회전하지만, 반드시 정해진 장소에서 일단 정지합니다. 그 장소는 처음 한 번 돌 때 멈춰 섰던

놀라운 피부

장소이기 때문에 다나카 박사는 이를 '기억을 가진 배'라고 불렀습니다.[7]

　이 구조는 다음과 같이 설명할 수 있습니다. 장뇌선이 어떤 장소에 멈추면 그 주변에 퍼진 장뇌 분자가 표면장력을 줄어들게 합니다. 장뇌는 표면장력이 약한 쪽에 붙잡히기 때문에 장뇌선이 다음 회전 때 그 장소에 멈추게 되는 것이지요. 그러는 동안 장뇌선의 밑쪽에서 퍼져 간 장뇌 분자가 수면에 섞여 들면 표면장력의 차에 의해 배는 다시 움직이기 시작합니다. 마치 한 장소를 기억하는 것처럼 보이는 이유입니다.

　지금까지 단세포 생물, 로봇, 장뇌 조각까지 '지능'이 있는 것처럼 보이는 현상을 소개했습니다만, 다들 '뇌'와 같은 중앙처리장치도 없고 프로그래밍도 되어 있지 않습니다. 단지 이들의 '신체표면'이 환경과 상호작용을 하여 마치 '지능'이 있는 것 같은 움직임을 만들어 낸 것입니다. 다시 말해, '경계에 지능이 존재한다'고도 할 수 있겠죠.

리더 없이도 질서 정연하게 행동하는 집단

수백 수천 마리의 새가 하나의 거대한 생물체처럼 큰 형태를 이뤄 굽이치며 하늘을 이동하는 모습을 본 적이 있나요? 또는 TV 방송에 나오는 바닷속이나 수족관의 거대한 수조 안에서 정어리 같은 물고기 수백 마리가 마치 규칙을 지키듯이 질서 정연하게 거대한 집단을 이뤄 헤엄치고 있는 모습을 많이들 봤을 겁니다.

이들은 마치 집단 안에 전체를 통솔하는 리더가 있어 그 지휘 하에 집단행동을 하는 것처럼 보입니다. 하지만 이 현상 역시 개체와 개체 간 경계의 관계만으로 설명할 수 있습니다. 1987년, 컴퓨터그래픽 프로그래머인 크레이그 레이놀즈Craig Reynolds가 만든 컴퓨터 시뮬레이션 '보이드boids'에는 이러한 집단의 움직임이 완벽하게 재현되어 있습니다. 여기서 정해진 규칙은 딱 세 가지입니다. 개체는 다른 개체와 너무 가깝게 있지 않는다, 너무 멀리 떨어지지도 않는다, 그리고 집단이 밀집해 있는 방향으로 움직인다.[8, 9]

이런 현상은 새와 물고기에게만 일어나는 것일까요?

우리들 인간 역시 타인과 너무 붙지도, 떨어지지도 않은 채 살

놀라운 피부

아가는 한편 세간에서 말하는 '유행하는 것'이 있으면 이유 없이 마음에 들어 하며 그쪽으로 향합니다. 만약 인간보다 훨씬 뛰어난 지능을 가진 우주인이 우리의 사회 행동을 관찰한다면, 우리가 새나 물고기 무리를 바라볼 때와 같은 생각을 갖지 않을까요?

장뇌선을 모으면 배들끼리 같은 동작을 하는 것 같은 현상을 볼 수 있습니다. 그런데 개체가 수백 수천 개 모여 있을 경우에도 각 개체 사이의 규칙만으로 집단이 마치 누군가의 의사로 통솔되는 것처럼 행동합니다.

우리의 몸을 이루고, 삶에 필요한 여러 가지 적응을 해 가는 데 가장 기본이 되는 구조는 세포입니다. 특히 고차원의 정보처리를 맡아 하는 인간의 뇌 역시 시냅스synapse라고 불리는 접속 장치로 연결된 신경세포의 집단에 지나지 않습니다. 엄청나게 많은 신경세포의 수와 거의 천문학적 수에 달하는 시냅스 때문에 굉장히 은밀하게 보이는 인간의 뇌도 기본은 각 세포가 이루는 관계가 아닐까요?

각 세포가 가지고 있는 경계의 지능, 그것이 집단을 이루면 예상할 수 없을 정도로 큰 구조나 운동이 이루어집니다. 저는 이것이 눈에 보이는 모든 생명 현상의 기본이라고 생각합니다. 예를 들어 앞으로 이야기할 '의식'이나 '감정'도, 그 기본은 경계에 닿는 신경세포의 작업에 근원을 두고 있을지도 모릅니다.

인간이 만든 조직의 피부

우리의 신체는 다종다양한 세포로 이루어져 있습니다. 또한 기억이나 학습 능력이 있는 뇌를 가지고 있지요. 우리의 행동 대부분은 뇌와 관련지어 설명하는 것이 가능합니다. 하지만 지금까지 소개한 단순한 실마리에마저도 그 경계, 사람으로 말하자면 피부에 해당하는 부분에 지능이 있다고 생각하고 싶어질 정도의 기능이 있습니다. 더해서 앞으로 자세히 설명하겠지만, 인간의 피부는 단순한 경계면이 아니라 온도, 습도, 압력, 화학적 자극 등의 환경인자를 각각 독자적인 구조로 감지하는 기능을 가지고 있는 경계입니다. 저는 피부라고 하는 이 우수한 경계에게도 '지능'이 존재하고, 그것이 확실하게 우리들의 판단이나 행동에 영향을 끼친다고 생각합니다.

좀 더 복잡한 구조, 예를 들어 기업 등의 조직에 관해서도 같은

놀라운 피부

곳, 즉 외부의 세계와 접촉하는 경계에 조직을 유지하는 근원적인 기능이 존재한다고 봅니다.

인체와 기업의 비교는 재미있을지도 모릅니다. 우선 임원진 또는 이사회는 '뇌'에 해당하겠죠. 큰 규모로 다양한 부문을 거느린 기업이 장기적인 경영의 전망을 고려할 때는 이런 '중추'가 필요합니다. 그러나 그곳에서 판단을 내리기 위한 정보는 회사 밖에서 소비자와 직접 만나는 영업의 최전선으로부터 얻어야 합니다. 그러지 않으면 시장의 동향에 적절한 대응을 할 수 없습니다. 영업의 제1선에서 활약하는 영업 사원, 소비자와 직접 커뮤니케이션을 하는 판매원 무리가 바로 기업의 피부라고 해도 좋지 않을까요?

'기업의 피부'에서 일하는 사람들이 거래처나 영업점에서 손님 한 사람 한 사람을 만날 때마다 일일이 '뇌(임원진)'의 판단을 따라서는 제대로 일할 수 없습니다. 최전선에 서는 사람은 순간순간 판단을 내려야 하는 경우가 많습니다.

이렇게 생각하면 인간의 피부가 다양한 환경 인자를 감지할 수 있고 이 기본적인 기능 유지가 중추로부터의 판단과는 관계없이 자율적으로 이루어진다는 것은 매우 자연스러운 일로 보입니다.

한편으로 중대한 사건, 피부로 예를 들면 넘어져서 큰 상처를 입는다든가 영업으로 예를 들면 대규모의 항의가 들어온다든가, 그런 중대한 건은 '중추'로 보내집니다. 상처의 경험을 기억한 뇌는 '앞으로 걸을 때는 발밑을 주의하자'고 생각합니다. 대규모의 항의가 들어올 경우 '임원진'은 재발 방지 계획을 회사 전체 규모로 세우게 됩니다.

대뇌 생리학자인 안토니오 다마지오Antonio Damasio 박사의 "뇌만 있어서는 의식이 생겨나지 않는다. 뇌와 신체, 그 중에서도 특히 신체와 환경의 경계에 해당하는 피부와의 상호작용으로 의식이 생겨난다"[*]는 주장은 기업으로 바꾸어 생각하면 쉽게 이해할 수 있습니다. 영업이나 판매의 제1선으로부터 정보가 단절된 방 한가운데서 '임원진'은 제대로 된 영업 판단을 내릴 수 없으니까요.

생명이든 기업이든 국가든, 시시각각 변화하는 환경 속에서 살아남기 위해서는 그 경계의 기능이 그야말로 '생명선'이 됩니다.

---

[*] 『생존하는 뇌, 마음과 뇌와 신체의 신비(生存する脳 心と脳と身体の神秘)』, 안토니오 다마지오 지음, 다나카 미츠히코 옮김, 고단샤(한국어판:『데카르트의 오류』김린 옮김, 중앙문화사)

놀라운 피부

'신체'가 작을 경우 위기로부터 도망가기 쉽지만 크고 복잡해질 경우 자칫하면 위기로부터 벗어날 수 없게 됩니다. 조직이 복잡하고 커질수록 그 경계, 다시 말해 피부는 중대한 역할을 담당하게 되겠지요. 환경 정보를 계속해서 감지하는 한편, 자신의 상태를 자율적으로 유지해야 합니다. 필요한 판단도 순간적으로 척척 내려야 하죠. 게다가 많은 정보로부터 중요한 것을 골라 재빨리 중추로 보내야 합니다.

이렇게 생각하면 이번에는 뇌의 역할을 생각해 보게 됩니다. 비교적 간단한 구조, 생물이라면 앞서 말한 짚신벌레, 기업이라면 벤처기업이 적당할까요. 이 경우 '뇌'는 필요 없습니다. 짚신벌레는 몸 표면에서 감지하는 정보에 따라 그 지점의 섬모를 움직이기만 하면 위험으로부터 피하고 먹이를 먹는 것이 가능합니다. 적은 수의 인원으로 구성된 벤처기업에서는 구성원 각각이 기획부터 영업까지 뭐든 하기 때문에 개인적 판단으로도 문제를 처리할 수 있습니다.

하지만 조직 구조가 크고 복잡해지면, 예를 들어 사람이라면 여러 가지 장기나 어지럽게 바뀌는 환경으로부터 정보를 수집하고 기억하며 거기서부터 미래를 예측해 보다 안전하고 효율이 높은 삶의 방식을 찾아야 합니다. 대기업에서는 여러 부서로부터 얻은 정보를 수집하고 해석하며 유효한 경영 방침을 세워야 하지 않을까요.

곤충의 미소뇌微小腦

당연하지만, 동물(생명체)에 따라 뇌에도 차이가 있습니다.

그 중 잘 알려진 것이 '미소뇌'라고 불리는 곤충의 뇌입니다. 언뜻 곤충은 복잡하고 기민한 움직임을 보입니다. 개미나 벌에 이르러서는 사회구조를 이루고, 일종의 농경 생활까지 하는 종도 있을 정도입니다. 하지만 이들의 뇌의 신경세포 수는 수십만 개로 인간 뇌에 있는 신경세포 수의 10만 분의 1에 불과합니다. 이런 단순한 뇌로 수억 년 전부터 계속해서 번성해 온 이유는 생존 전략 덕분이지요.

먼저 곤충은 인간보다 몸집이 작고, 수명도 짧습니다. 그렇기에 인간보다 기억이나 학습 능력이 적어도 문제가 없습니다. 또 감각기가 수집한 정보는 말초에서 일단 걸러지기 때문에 뇌로 보내

놀라운 피부

지는 정보량도 적습니다. 이런 생존 전략 덕분에 '미소'뇌로도 동물계에서 가장 종 수가 많은 생물이 될 수 있었던 것이지요.*

한편 100년 이상 생존 가능하고 복잡한 사회를 형성하며, 거기에 더해 계속해서 새로운 도구를 발명하고 어지러운 환경 변화에 맞서야 하는 인간에게 기억이나 학습은 생존에 있어 중요한 기능이 되었습니다. 그래서 뇌가 커지면서 복잡한 구조를 갖게 된 것이죠.

진화심리학자인 니콜라스 험프리Nicholas Humphrey 박사가 '자기의식'이라고 정의 내린 것은 그야말로 이런 '뇌'의 기능 발달 결과입니다. 늘 변화하고 있는 뇌가 경험을 기억하고 그로부터 연역적으로 더 유효한 미래에의 대처법을 생각하기 위해 과거의 자신, 지금의 자신, 그리고 미래의 자신이 모두 같은 자신이라는 사실을 알고 그 자신이 경험이나 정보를 바탕으로 적절한 판단을 내린다, 이런 '자신'을 상정하는 것으로부터 정보처나 미래에의 대처가 용이해진다, 이것이야말로 '자기의식'이라는 것이 험프리 박사의 주장입니다. 예를 들어 '어제 술을 너무 많이 마셨

---

* 『신경계의 다양성 : 그 기원과 진화(神経系の多様性　その起源と進化)』, 아가타 키요카즈·코이즈미 오사무 공동 편집, 바이후칸

어', '오늘은 숙취로 머리가 아프네', '내일부터는 술을 자제해야
지'라는 판단도 어제의 자신, 오늘의 자신, 미래의 자신이 같은 자
신이라는 자기의식이 없으면 내릴 수 없습니다.* 이 '의식'에 대해
서는 다시 한 번 설명하겠습니다.

인간이라는 생물과 다른 생물과의 차이점에 대해 생각할 경우,
뇌를 절대 뺄 수 없습니다. 하지만 이런 특별한 생물인 인간이라
도 신체와 환경과의 '경계에 존재하는 지능'의 역할은 역시 필요
불가결합니다. 특히 '헐벗은' 피부를 생각하면, 비늘에 덮인 파충
류나 깃털에 덮인 조류, 털로 덮인 대부분의 포유류에 비해 피부
가 해내는 역할은 더 클 거라고 예상할 수 있습니다.

그런 이유로, 다음은 진화 과정에서 인간의 피부가 형성된 과
정을 살펴볼 차례입니다.

피부감각이 뇌를 창조하다

* 『상실과 획득 : 진화심리학으로 본 마음과 몸(喪失と獲得 進化心理学から見た心と
体)』, 니콜라스 험프리 지음, 타루미 유우지 옮김, 기노쿠니야쇼텐

피부를 '생물 신체의 가장 바깥층을 형성하는 것'이라고 정의하면 가장 오래된 피부는 원핵생물(세포핵이 없는 단세포 생물)의 세포막이 아닐까요. 35억 년 전의 남조류藍藻類가 만든 줄무늬 모양의 화석 광물 스트로마톨라이트Stromatolite가 유명합니다. 같은 시기에 원핵생물로 추정되는 미화석microfossil, 微化石도 몇 개 보고된 바 있습니다.*

다세포 동물의 화석이 우르르 나타난 것은 지금으로부터 약 6억 3500만 년 전부터 5억 4200만 년 전까지에 해당하는 에디아카라기입니다. 이 이름의 유래가 된 호주의 에디아카라 언덕에서 여러 가지 다양한 생물의 흔적이 발견됐습니다. 다만 지금 사는 어떤 생물종에 속하는지 아닌지는 아직 밝혀지지 않았습니다. 모래층에 눌린 듯한 해파리 모양에 대해 부드러운 몸을 가진 동물이 아닐까 추정하는 사람도 있지만 지의류나 미생물의 집합체로 보는 이도 있어서 아직 분명한 결과는 나오지 않았습니다.[10]

그 후 캄브리아기(5억 4200만 년부터 4억 8800만 년 전까지)가 되면 '캄브리아기의 대폭발'이라는 이름으로 유명한, 다양한 생

---

* 『생물의 진화대도감(生物の進化大図鑑)』, 마이클 베이튼 외 감수, 오바타 이쿠오 일본어판 총 감수, 카와데쇼보우신샤

물이 갑자기 출현하는 시기가 나타납니다. 그 이전부터 유명했던 삼엽충에 더해 현재 살고 있는 생물과의 관계조차 확실하지 않은 동물까지 포함한 많은 양의 화석이 나오는 시기입니다. 가장 먼저 발견된 곳은 스티븐 제이 굴드Stephen Jay Gould 박사의 베스트셀러인 『원더풀 라이프 – 버제스 셰일과 생물 진화 이야기 Wonderful Life: The Burgess Shale and the Nature of History』로 유명해진 캐나다 브리티시컬럼비아 주의 '버제스 셰일Burgess Shale'층입니다. 그 뒤 중국 윈난 성에서도 '쳉장 생물군'이라는 같은 시기의 화석군이 발견됐습니다. 이곳에서는 버제스 셰일에서 발견된 것과 같은 동물뿐만 아니라 처음 발견되는 동물 화석도 나오지요. 게다가 그린란드나 호주의 캥거루 섬에서도 이 시기 동물군의 화석이 연이어 발견되고 있습니다.[*]

피부의 진화를 논하기 위해 전 이 시기의 동물을 두 종류로 나누고자 합니다. 전신이 껍데기로 덮여 있는 생물과 피부가 노출되어 있는 생물입니다. 지금 살고 있는 생물로 말하자면 전자는 새우, 게, 거미, 곤충 같이 전신이 단단한 껍데기로 덮여 있는 절

---

[*] 『생물의 진화대도감』, 앞과 동일

놀라운 피부

지동물, 후자는 해파리나 말미잘처럼 점막 같은 피부가 노출되어 있는 자포동물, 그리고 이것이 진화한 척삭동물과 척추동물에 해당합니다.

절지동물은 지금도 가장 많은 수가 번성하고 있는 분류군입니다. 공통적으로 키틴질이라고 불리는 당糖이 연결된 분자와 단백질로 이루어진 단단한 껍데기(외골격)로 몸을 감싸 보호하는 동물들입니다.

척삭동물의 원시적인 종류에는 현존하는 생물 중 창고기라 불리는 동물이 속합니다. 여러 학설이 있지만, 일반적으로 어류와 모든 척삭동물의 조상이라고 추정됩니다. 척삭동물에게는 절지동물 같은 외골격이 없습니다. 그리고 어류를 시작으로 척추동물에게는 외골격이 아닌 내골격, 즉 몸속에서 몸을 지지하는 골격이 있습니다. 자포동물에게는 외골격도 내골격도 없습니다.

동물의 진화에 관해서는 여러 가지 설이 있지만, 아마도 해파리 같은 자포동물이 가장 먼저 출현해 그로부터 절지동물로 진화한 무리와 척추동물로 진화한 무리가 나눠진 것 같습니다. 물론 동물의 종류에는 절지동물과 척추동물만 있는 건 아닙니다. 문어, 오징어, 조개 등의 연체동물과 불가사리, 성게 등이 속한 극피동물 등 다양한 종류가 있습니다. 하지만 여기서는 일단 절지동물로 진화한 무리와 척추동물로 진화한 무리를 바탕으로 피부의 진화에 관해 생각해 보려 합니다.

피부감각과 뇌의 크기

먼저 원시적인 동물로 일컬어지는 자포동물의 피부를 들여다봅시다.

민물에 사는, 작은 말미잘 같은 형태를 한 '히드라Hydra'라는 동물이 있습니다. 자포동물 중에서도 가장 단순한 구조를 가진 동물이기 때문에 실험동물로써 연구에 쓰여 왔습니다.

히드라의 신체는 말하자면 전신이 피부 같은 상태로, 단 두 개의 세포층으로만 이루어져 있습니다. 그 안에는 바깥의 자극을 느끼는 감각세포와 신경세포가 있습니다. 히드라의 신경은 전신에 퍼져 신경망을 이루고 있지만, 척수나 뇌에 해당하는 기관은 따로 없습니다. 그야말로 전신의 피부로 느끼고, 정보를 처리하고 판단하며, 적절한 행동을 하는 셈입니다. 다만 감각세포는 먹이를

놀라운 피부

잡는 촉수에 집중되어 있어, 그에 적합한 신경 구조를 이루고 있습니다.[11]

그런데 절지동물은 사정이 다릅니다. 무엇보다 전신을 갑옷 같은 외골격으로 감싸 버렸기 때문에, 히드라처럼 피부로 외부의 정보를 감지할 수 없습니다. 이 때문에 절지동물은 처음 출현했을 때부터 외부를 향한 감각기관을 가지고 있었다고 추정됩니다. 예를 들어 삼엽충 화석에서는 곤충의 눈과 같은 겹눈을 관찰할 수 있습니다.

또 보존 상태가 좋은 화석을 통해 삼엽충에게 더듬이가 있던 것도 확인됐습니다. 절지동물 중에서, 아니 모든 동물 중에서 가장 많은 수의 종을 자랑하는 곤충에게도 겹눈과 더듬이가 있습니다. 파리나 모기는 더듬이 밑쪽에 존스턴 기관이라고 하는 소리를 듣는 기관이 있습니다. 메뚜기는 앞다리에 고막이 달려 있지요.[12] 그리고 촉각은 '더듬이'를 통해서만 느낄 수 있을 뿐, 우리가 느끼는 '피부감각'은 절지동물에게 없습니다.

다만, 특히 곤충의 경우 감각기가 한정되어 있고 피부감각도 없는 탓에 외부로부터 받아들이는 정보의 양도 적습니다. 앞에서 말한 것처럼 인간의 10만 분의 1밖에 없는 신경세포로 이루어진 소위 '미소뇌'로도 충분히 생존할 수 있지요. 곤충이 엄청나게 번성하는 이유는 오히려 '피부감각'을 버리고 뇌를 작게 만든 데 있을지도 모릅니다.

여기서 연체동물(문어, 오징어 등), 극피동물(성게, 불가사리 등)을 살펴보겠습니다. 전신 점막 상태의 피부를 노출한 문어와 오징어, 특히 문어류는 포유류에 비해 큰 뇌를 가지고 있다는 사실이 밝혀졌습니다(낙지의 뇌 신경세포는 약 2억 개, 참고로 쥐는 1억 개 미만). 포유류의 뇌처럼 기억과 학습을 위한 뇌 구조를 제대로 갖추고 있는 거지요.[13, 14]

문어의 낭창낭창하게 움직이는 긴 다리에는 많은 신경계가 있는 것이 밝혀졌습니다.[15] 이들을 구사해 재빨리 사냥감을 잡아채거나 적으로부터 도망가기 위해서는, 이런 행동을 제어하기 위한 우수한 중앙처리장치, 즉 큰 뇌가 필요하겠지요. 어딘가에서 문어에게 월드컵 시합 결과를 점치게 한 적이 있는데요, 의외로 문어는 심사숙고한 끝에 판단을 내렸을지도 모릅니다.

한편 전신을 대부분 단단한 판과 가시로 감싸고, 감각기는 판이나 가시 사이로 내밀고 있는 '관족管足'이라는 부분에만 존재하는 성게나 불가사리 등 극피동물에게는 뇌조차 없습니다.[16] 또 문

놀라운 피부

어처럼 연체동물에 속한 동물 중에도 껍데기 속에 몸을 숨긴 조개에게서는 큰 뇌가 발견되지 않았습니다.[17]

피부감각이 없고, 감각기도 조금밖에 없는 동물에게는 중앙처리장치가 필요 없다는 이야기겠지요. 이렇게 보면 피부감각의 양에 따라 뇌의 크기가 정해지는 것처럼 생각됩니다.

이번에는 우리도 그 일원에 속하는 척추동물의 피부 진화에 대해 생각해 보죠.

그 전에, 동물의 신경계와 표피가 발생 초기에 같은 기원을 갖는다는 사실을 말해 두고 싶습니다. 수정란이 분열을 시작하면 바깥 조직인 외배엽이 만들어지고 이어서 내배엽, 중배엽이 생겨납니다. 각각의 배엽으로부터 장기가 만들어지지요. 그리고 피부의 표면에 해당하는 표피와 뇌, 척수 같은 신경계는 모두 외배엽으로부터 형성됩니다. 즉, 같은 기원을 가진 장기인 셈입니다.(그림 2)

중국에서 발견된 가장 오래된 물고기 화석인 '미로쿤민기아'에게는 눈, 입, 아가미, 그리고 무엇보다 중요한 척추가 확인됐습니다.[18] 외배엽으로부터 생긴 척추는 발생 단계에서 표피가 움푹 들어가 도랑처럼 파이고, 이 부분이 몸 안으로 파고들면서 만들어

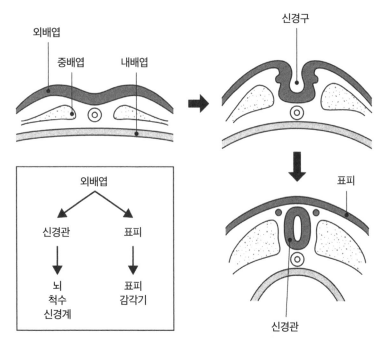

외배엽
중배엽
내배엽
신경구

외배엽
신경관
표피
뇌
척수
신경계
표피
감각기

표피
신경관

그림 2 **표피와 뇌·척수는 모두 외배엽으로부터 만들어진다**

집니다. 게다가 그 일부가 팽창해 뇌가 되지요. 감각기도 외배엽
으로부터 형성됩니다.

전 척추동물이 물속에서 생활하던 무렵에는 해파리나 히드라
처럼 체표體表에 감각은 물론 산성, 염기성 같은 화학적 자극, 혹
은 다양한 냄새나 맛을 품은 분자도 감지하는 기능이 있었다고

놀라운 피부

상상합니다.

고생대 어류는 딱딱한 장갑이나 비늘로 몸을 감싼 종류가 많은 것 같습니다. 하지만 지금도 어류 중에는 물속의 미약한 전위 변화를 피부로 감지하고 먹잇감인 작은 물고기 등을 붙잡는 종이 있습니다. 또한, 어떤 냄새를 감지하는 기능이 있는 수용체가 올챙이 무렵에는 표피에 존재하지만 성장해서 개구리가 되면 사라져 버린다는 연구 결과도 있습니다.[19]

이런 사실들로 봐도 아주 오래전 물속에 살던 척추동물, 즉 어류는 체표에 여러 가지 환경 인자를 감지하는 감각기를 가지고 있었던 것으로 생각됩니다. 그리고 진화 과정에서 육상 생활을 시작할 무렵, (도롱뇽이나 개구리 같은 양서류였으리라 생각됩니다만) 이런 감각기의 많은 부분을 잃거나 기능을 상실해 갔을 것입니다.

물속에서는 전기적인 변화가 멀리까지 전해지고, 상어가 상처 입은 물고기에 몰려드는 것처럼 피 같은 체액도 물에 녹아들면서 금세 퍼집니다. 이런 변화를 감지하는 기능을 체표에 가지고 있으면 생존에 큰 도움이 될 겁니다. 하지만 공기 중에서는 전위 변화도, 피도 멀리 퍼져 가지 못합니다. 이 경우, 피부 표면의 감각기의 의미는 점점 줄어들게 되지요. 오히려 멀리서 오는 정보를 정확하게 얻기 위해서 시각과 청각이 더 중요해지는 한편, 후각을 감지하기 위해 공기 중의 냄새 분자를 모으는 기관인 코를 만들게 됐습니다.

게다가 진화가 계속되어 등장한 파충류는 전신을 비늘로 감쌌지요. 조류는 깃털, 대부분의 포유류는 털로 몸을 보호하게 됐습니다. 그 결과 체표에 있는 감각기는 더욱더 쓸모가 없어지게 됐습니다.

그렇지만 인간이라는 척추동물은 몸의 상당 부분을 표피 그대로 외부 환경에 노출하고 있습니다. 육상 척추동물 중에서도 굉장히 드문 존재입니다.

~~~~~~~~~   **체모를 잃은 인간**

인간이 약 120만 년 전 체모를 잃은 이유에 대해서는 여러 가지 학설이 있습니다.

진화라는 건 애초에 우연하게 일어난 유전자의 변화, 그 결과보다 환경에 적응한 것이 살아남은 현상으로 일컬어집니다. 즉,

우연하게 일어난 체모의 상실이 생존에 유리했기 때문에 체모가 적은 개체가 살아남았고, 결국 인간은 체모가 거의 없는 종이 되었다고 할 수 있습니다. 체모가 없어지면 어떤 면에서 생존에 유리한 것인가, 그 점을 따져 보지 않을 수 없습니다. 여러 학설이 있습니다만, 비교적 최근에 나온 것은 사바나에서 직립을 시작해 두 발로 걸었을 무렵 열에 약한 뇌를 보호하기 위해 증발로 몸을 식히는 과정이 필요했고, 그 결과 체모가 방해가 됐다는 학설입니다.[20]

저는 이 학설에 의문을 품고 있습니다.

직립보행을 시작한 인류의 조상은 뜨겁고 건조한 아프리카에서 살았습니다. 분명 더위에 대한 대응이 필요했겠죠. 하지만 최초에 직립보행을 시작했으리라 추정되는, 350만 년 전 출현한 오스트랄로피테쿠스 아파렌시스는 몸 전체가 털로 덮여 있는 반면 뇌의 크기는 침팬지와 비슷한 수준이었습니다. 그로부터 200만 년 이상 인간의 조상은 체모를 유지하고 있었다고 추정됩니다. 물론 직립보행은 계속하고 있었습니다. 그동안 증발에 의한 냉각은 필요하지 않았던 것일까요?

직립보행(350만 년 전)과 체모의 상실(120만 년 전)[21]이라는 두 사건 사이의 엄청난 시간 차이 때문에, 저는 뇌의 냉각과 증발을 위해 체모를 상실한 개체가 살아남았다는 학설에 수긍할 수 없습니다.

체모를 잃은 120만 년 전에 출현한 인류의 조상은 호모 에르가스테르, 또는 호모 에렉투스로 추정됩니다.[22, 23] 아마도 그들 중에서 체모를 잃은 개체가 살아남았다는 것이 현재로 이어지는 진화의 시작점이었겠죠. 흥미롭게도 이들 종에서부터 뇌가 커지기 시작했습니다.

전 이 사실을 바탕으로 전신의 표피가 환경과 맞닿는 것, 즉 '피부감각의 부활'이 인류의 생존에 유리한 움직임이었으리라 생각합니다. 더해서, 이 과정이 뇌의 용량이 늘어나는 것과 관계 있지 않았을까요?

앞에서 수중 생활을 하는 무척추동물 중에서 역시 전신의 표피를 환경에 노출하고 있는 문어가 거대한 뇌를 가지고 있다고 설명했습니다. 팔(다리)의 수가 문어와 꼭 들어맞지는 않지만, 인간에게도 무척 섬세한 작업이 가능한 열 개의 손가락이 있습니다. 진화 과정에서 현생인류의 손 구조는 뇌 용량이 증가하기 전에 형성됐다고 추정됩니다.[24, 25]

놀라운 피부

체모를 잃은 전신이 피부감각을 갖고, 거기에 더해 섬세한 움직임이 가능하고 피부감각도 뛰어난 손가락이 생겼다. 이것이 현생인류의 뇌를 만들었다고도 할 수 있을 겁니다.

제2부

피부에
대해

여기서는 앞으로 이야기를 진행하기에 앞서 그 전제가 되는 피부에 대해 설명할 예정입니다.

지금까지 여러 글을 통해 피부에 대한 많은 이야기를 쓴 적이 있습니다. 인간의 피부가 촉감뿐만이 아니라 어떤 의미로 듣고, 보고, 냄새 맡고, 맛보고, 게다가 학습하고 예지하는 등 놀라울 정도로 다양한 감각을 가지고 있다는 사실에 대해서입니다. 혹시 이런 글을 이미 읽은 적이 있는 독자분이라면 제2부와 제3부는 대충 보시거나 뛰어넘으셔도 문제없습니다. 하지만 처음 제 책을 읽으시는 독자들을 위해 다시 한 번 설명하도록 하겠습니다. 조금이지만 새로운 사실도 덧붙여 놓았습니다.

또한, 원래 문외한이었던 제가 우연히 화장품 회사에서 일하게 된 것을 계기로 오랜 기간 피부 연구에 매달리게 되어, 해외의 피부 과학 연구자들 사이에서도 '이상한 것을 생각하는 연구자'라고 조금이나마 이름이 알려지게 된 경험에 관해서도 이야기해 보려 합니다.

피부의 기본 구조

인간의 피부는 크게 보면 가장 표면에 있는 얇은 표피와, 그 아래에 있는 두꺼운 진피로 나눌 수 있습니다.

성인의 피부 면적은 약 $1.6m^2$, 피하지방을 제외한 피부의 두께는 부위에 따라 다르지만 $1.5\sim4mm$, 무게는 피부만 약 $3kg$ 정도입니다. 무게만 가지고 비교하면 $1.4kg$의 뇌, $1.2\sim2kg$의 간보다 무겁습니다.

그림 3에 피부의 모식도가 나와 있습니다. 표피는 신체 부위에 따라 다르지만, 두께는 보통 $0.06\sim0.2mm$입니다.

진피는 콜라겐 등 섬유상의 단백질로 이루어진 두께 $1\sim4mm$의

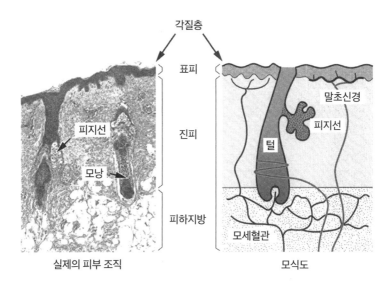

각질층

표피

말초신경

진피

피지선

피지선

모낭

털

피하지방

모세혈관

실제의 피부 조직

모식도

그림3 **피부의 기본 구조**

조직입니다. 진피에는 이 콜라겐 등을 만드는 섬유아세포, 면역이
나 염증에 관여하는 비만세포(필수 세포) 등이 점점이 흩어져 있
습니다. 매우 튼튼한 조직이기 때문에 외부로부터의 자극에도 강
합니다. 진피 아래에는 피하지방이 있어, 외부 압력 등을 흡수하
는 쿠션 역할을 하고 있습니다.

표피는 대부분 케라티노사이트keratinocyte라 불리는 세포로 이
루어져 있습니다. 이 케라티노사이트는 앞으로도 자주 나오니 기

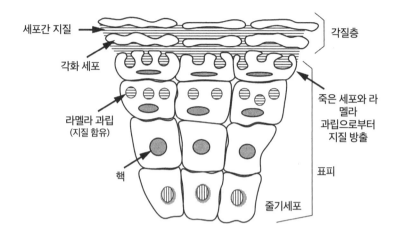

세포간 지질

각화 세포

라멜라 과립
(지질 함유)

핵

각질층

죽은 세포와 라
멜라
과립으로부터
지질 방출

표피

줄기세포

그림 4 표피로부터 각질층이 만들어지는 과정

억해 두시길 바랍니다.

표피의 가장 깊은 곳에서는 세포 분열이 일어나 케라티노사이트 세포가 형태를 바꿔 가며(분화하며) 표면으로 올라온 뒤 일정 시간이 지나면 자동적으로 죽습니다. 세포가 표면에 올라오면 평평해집니다. 죽기 전에 세포의 핵이 사라지고 내부에 있던 지질(유분)이 밖으로 방출됩니다. 죽은 세포는 죽음과 동시에 밖으로 나온 지질과 함께, 특이한 구조로 이루어져 물을 통과시키지 않는 막인 각질층을 만듭니다.(그림 4) 각질층의 방수 능력은 같은

놀라운 피부

두께의 플라스틱 막에 버금갑니다. 흔히, 화상으로 인해 피부의 3분의 1을 잃으면 죽는다고들 하죠. 그 이유는 각질층이 사라지며 신체 기능을 유지하는 데 필요한 체내의 물이 대량으로 빠져나가기 때문입니다.

각질층은 이윽고 때가 되어 벗겨지면서 떨어져 나갑니다. 건강한 피부의 경우 표피 하부에서 세포가 생겨나 표면까지 밀려 올라온 뒤 각질층이 될 때까지 약 2주, 이것이 때가 되어 떨어져 나갈 때까지 다시 약 2주가 소요됩니다.

표피의 가장 깊은 부분에는 피부의 색을 결정하는 색소(멜라닌)를 만드는 세포인 멜라노사이트melanocyte, 면역계 세포인 랑게르한스 세포Langerhans cell, 촉각에 관여하는 메르켈 세포Merkel cell도 있습니다.

피부에는 피부감각을 담당하는 신경(말초신경)이 있습니다. 신경은 진피에서는 슈반 세포Schwann cell라고 불리는 세포가 만드는 껍질(미엘린 수초myelin)에 감싸여 있지만, 표피에서는 껍질이 없고 신경섬유만이 끼어 있습니다. 이것을 무수신경세포無髓神經細胞, 골수가 없는 신경세포라고 부릅니다.

혈관은 진피 안에 그물망처럼 퍼져 있습니다. 하지만 표피에는 혈관이 없습니다. 이 때문에 표피는 영양 등을 진피로부터 공급받습니다.

각질층 기능의 본질은?

전 대학에서 물리화학을 전공했습니다. 하지만 취직한 화장품 회사에서 갑자기 피부의 기초 연구를 하라는 명령을 받고 당황했죠.

당시(1980년대 후반), 세간에서는 '바이오BIO'라는 단어가 유행하고 있었습니다. 제가 다니는 회사에서도 피부의 생명과학 연구를 하는 부서를 만들었지요. 하지만 전 피부 과학은 물론 의학, 생물학에 대한 전문 교육을 받은 적이 없었습니다. 그것은 당시 제 상사도 마찬가지였던지라, "스스로 공부해서 주제를 찾아봐"라는 명령을 내리는 게 다였습니다.

어쩔 수 없이 매일 의학 전문 영어 사전을 끌어안고 피부 과학의 국제 학술지를 읽으며 시간을 보냈습니다. 그러다가 '각질층'이라는 것에 흥미를 느끼게 됐죠. 앞에서 설명한 것처럼, 피부의 가장 표면에 있으면서 체내의 수분 증발과 체액의 유출을 막는, 두께 약 $20\mu m$(마이크로미터)의 막입니다.

아토피성 피부염 등, 소위 말해 피부가 거친 상태가 되면 각질 층이 건조해지고 수분 증발을 막는 장벽 기능도 떨어져 수분이 점점 증발하게 됩니다. 각질층은 죽은 세포와 그 사이를 채우는 지질(세포간 지질)로 이루어져 있습니다. 즉, 복합 재료로 이루어 진 막입니다. '재료'라면 화학이 나설 차례인 것 같았습니다. 각질 층을 주제로 삼으면, 의학이나 생물학을 잘 모르는 저도 뭔가 새 로운 발견을 해낼 수 있을지도 모른다고 생각했지요.

그 무렵, 화장품 업계에서는 논쟁이 벌어지고 있었습니다. 피부 가 조금 거칠어진 상태, 아토피성 피부염, 건선, 노인성 건피증 등 다양한 피부 질환으로 각질층이 건조해지고 장벽 기능이 저하된 다는 사실은 밝혀져 있었습니다. 이 때문에 업계에서는 각질층의 수분을 유지하는 한편 장벽 기능의 저하를 막는 것을 중요한 화 두로 삼고 있었습니다.

논쟁의 주제는 각질층의 습기, 즉 각질층의 수분을 보존하는 원동력이 무엇인가 하는 거였습니다. 주요 학설은 죽은 세포 안 의 아미노산amino acid이나 단백질일 거라는 설과 세포간 지질이

층상 구조를 이루면서 층 사이에 물을 머금고 있다는 설, 이렇게 두 가지였지요. 후자 쪽이 새롭고 의외인 학설이었기 때문에 꽤 이야깃거리가 되고 있었습니다. 아토피성 피부염에 걸리면 세포 간 지질을 형성하는 세라미드ceramide라는 지질이 줄어든다는 논문도 발표되어, "세라미드를 씌워 두면 각질층은 수분을 유지한다"는 대학 연구자도 포함해 당시에는 많은 사람이 이 학설을 믿고 있었습니다.

제 대학 시절 연구 주제는 물의 물리화학이었습니다. 덕분에 물에는 조금 해박한 편입니다. 지질은 쉽게 말하면 기름입니다. '물과 기름'이라는 비유가 있을 정도로 원래 둘은 서로 섞이지 않습니다. 지질 중에는 물과 어느 정도 융합하는 인지질이라는 것도 있지만, 세라미드는 그런 종류가 아닙니다. 오히려 물을 튀겨내지요. 이런 물질이 물을 머금는다니, 전 믿을 수 없었습니다.

아토피성 피부염에서 세라미드가 줄어든다고 하면, 다른 피부 질환은 어떨 것인가 궁금해졌습니다. 회사에서 도와줄 사람을 모집해 피부를 진한 비눗물로 벅벅 문질러 거칠게 만들었습니다. 그 피부를 조사해 봤더니, 각질층 안의 수분량이 줄어든 대신 피부로부터 수분 증발량은 늘어났습니다. 즉, 장벽 기능도 약해졌다는 이야기입니다. 여기서 각질층을 조금 벗겨내 세라미드와 아미노산의 분석을 진행했습니다. 저 같은 화학 전공자에게 분석은 기본적인 기술입니다. 바로 결과가 나왔습니다. 아미노산은 줄어든 반면, 세라미드 양에는 변화가 없었습니다.

이 결과를 논문으로 발표하자(제가 쓴 것 중 피부 과학 관련 국제 학술지에 처음으로 게재된 논문입니다)[26], 작은 논쟁이 일어났습니다.

논문이 게재되기 전 일본의 피부학회에서 관련 내용을 발표했지만 의장인 의대 피부과 교수가 '세라미드 파'였습니다. 제 발표가 끝나자 "그 실험 결과에는 의문이 생긴다"는 반박을 받았기 때문에 반론하려 했지만, "하고 싶은 말이 있으면 밖의 복도에서 멋대로 떠들게나"라며 쫓겨났습니다. 국제학회, 예를 들어 물리나 화학 쪽 학회에서는 절대 일어날 수 없는 일입니다. 하지만 일본의 의학계 학회에서는 기업의 연구원이 이런 부당한 일을 당하는 경우가 꽤 많습니다.

세라미드는 분명 장벽 기능에 중요한 역할을 합니다. 하지만 장벽 기능을 담당하는 세포간 지질은 세라미드뿐만이 아닙니다. 유리지방산, 콜레스테롤도 형성 물질입니다. 이 중 하나만 부족해져도 장벽 기능은 저하됩니다. 오히려 장벽 기능을 파괴한 후 세라미드만 넣어 주자, 장벽 기능 회복이 더뎌졌다는 논문도 그 뒤 발표됐습니다.[27] '세라미드 파'인 연구자는 "세라미드를 각질층으로부터 빼내면 장벽 기능이 떨어지는 데 더해 각질층이 건조해진다"고 서술했습니다만, 세라미드를 빼내는 과정에서 아미노산과 물도 함께 빠져나가 버립니다. 전 "세라미드가 중요한가 아미노산이 중요한가"라는 논쟁 자체가 허무해졌습니다.

이전에도 다른 곳에서 쓴 적이 있는 이야기입니다만, 자동차가 움직이는 원리는 무엇인가라는 논쟁이 벌어졌다고 합시다. 어떤 학자가 타이어를 전부 없애고 시동을 걸었지만 자동차는 움직이지 않았습니다. 그래서 "이런 결과로 자동차는 타이어에 의해 움직인다"고 주장했습니다. 다른 학자는 드라이브 샤프트drive shaft를 부러뜨렸고, 역시 자동차는 움직이지 않습니다. "그런 결과로 자동차는 드라이브 샤프트에 의해 움직인다", 이 외에도 "플러그로 움직인다" 등 다양한 학설이 나올 것 같네요.

이런 논의가 제게는 정말 바보같이 느껴졌던 겁니다. 자동차를 움직이기 위해서는 많은 부품이 필요하고, 그 중 어느 하나가 빠져도 자동차는 움직이지 않습니다. 피부도 그렇습니다. 건강한 각질층을 지지하는 요소는 여럿입니다. 아미노산을 빼 버리면 각질층은 건조해집니다. 세라미드를 빼 버려도 장벽 기능이 떨어지기 때문에 수분이 계속 증발해 마찬가지로 각질층은 건조해집니다.

이런 것보다 중요한 건, 자동차의 예시로 돌아가면 "자동차는 가솔린에 불을 붙여 그 에너지를 회전 동력으로 바꿔 달린다"는 것이 본질이라는 점입니다.

전 각질층의 기능에 대해서도 이런 본질적인 의논이나 연구가 필요하다고 생각하게 됐습니다.

그 무렵, 제게 있어 운명적인 논문과 만났습니다. 미국 캘리포니아대학 샌프란시스코 캠퍼스 피부 과학 교실의 피터 엘리어스 Peter Elias 교수팀이 한 연구입니다. 각질층을 셀로판테이프로 떼어 내어 장벽 기능을 파괴해도 건강한 피부라면 48시간 이내에 장벽 기능을 회복한다, 하지만 장벽 기능을 파괴한 뒤 그 부분을 수증기가 통과하지 못하는 고무나 플라스틱 막으로 덮으면 장벽 기능이 회복되지 않는다, 반면 물은 통과하지 못하지만 수증기는 통하는 고어텍스 소재의 막으로 덮으면 장벽 기능은 회복된다는 내용이었습니다.

다시 말해 각질층은 자신의 장벽 기능을 스스로 감시하며 상태를 유지한다, 장벽 기능이 파괴되어 수분의 증발이 시작되면 곧

바로 회복을 개시한다, 이 과정이 끝나면, 또는 플라스틱 막으로 덮는 것처럼 외관상으로 장벽 기능이 회복되면 더 이상 기능 회복은 일어나지 않는다는 이야기입니다.[28]

샌프란시스코 유학 시절

전 "이거야말로 내가 꿈꾸던 각질층 연구다"라고 생각했습니다. 다행히 그 무렵 일본은 버블시대(일본 내 투기 활성화로 인한 경제 호황기. 1980년대 중후반부터 1990년대 초까지)라 회사에도 여유가 있었던 듯, 매년 희망자 한 명씩을 원하는 해외 연구실로 보내 2년간 유학할 수 있게 해 주는 제도가 있었습니다. 전 곧바로 지원했습니다. 하지만 '면접 볼 때 태도가 나쁨', '감정이 얼굴에 바로 드러남' 등 연구와는 별로 관계없는 이유로 계속 떨어진 끝에 5년 후인 1993년 8월에야 겨우 동경하던 엘리어스 교수의 연구실로 유학가게 됐습니다.

애플Apple 사의 PC '매킨토시 클래식 Ⅱ'를 등에 짊어지고, 슈트케이스 두 개를 들고 샌프란시스코에 도착한 것은 지금 생각해

놀라운 피부

보면 이상하게 더운 날이었습니다. 중심가의 싼 호텔에 짐을 놓은 채 다음 날 눈을 뜨자, 날씨가 확 변해 유명한 샌프란시스코의 차가운 안개에 거리가 잠겨 있었습니다. 뮤니MUNI라 불리는, 시가 운영하는 버스를 타고 시 서쪽에 위치한 태평양을 마주하고 있는 절벽 위의 퇴역군인병원으로 향했습니다. 엘리어스 교수는 캘리포니아대학 교수이면서 당시 퇴역군인병원의 피부과 부장도 역임하고 있었기 때문에 연구실이 병원 안에 있었거든요.

휠체어나 목발에 몸을 의지한 할아버지들(아마도 한때는 용맹한 미군이었겠죠) 사이를 지나, 접수처에 피부과 부장실 위치를 물어보고, 몇 번이나 이리저리 헤맨 끝에 겨우 방을 찾아 노크했습니다. "헬로. 디스 이즈 덴다 프롬 저팬"이라고 말하자 "커밍"이라는 대답이 저음의 목소리로 들려왔습니다. 문을 조심스레 열고 안쪽의 커다란 책상을 바라보자 후쿠로쿠쥬福祿壽, 7복신 중 하나처럼 긴 얼굴에 안경을 끼고 콧수염을 기른 엘리어스 교수가 팔을 활짝 벌린 채 미소짓고 있었습니다. 옛날 희극배우인 그루초 막스Groucho Marx와 닮았다고 생각했습니다(본인도 파티 자리에서 익살스러운 표정으로 "그루초 같지?"라고 말한 적이 있습니다).

의자에 앉아 잠깐 인사를 나누자마자 바로 "켄 파인골드Ken

Feigngold를 소개하지"라며 방에서 끌려나와 다시 한 번 미로와도 같은 병원 안을 오르락내리락 이리 돌고 저리 돈 끝에 '대사학 부장'이라고 쓰인 방 앞에 도착했습니다. "하이, 켄"이라며 엘리어스 교수가 노크하자 탄탄한 체형에 얼굴 아랫부분이 풍성한 수염으로 덮인 사람이 나타났습니다. 엘리어스 교수와 오랜 시간 공동 연구를 진행하고 있던 파인골드 교수였습니다. 어릴 적에 읽었던 코난 도일의 『잃어버린 세계』 삽화 속 챌린저 교수와 닮았다고 생각했습니다(이것 역시 지도를 받으며 깨달은 사실인데요, 파인골드 교수도 도일이 창조한 챌린저 교수와 마찬가지로 열혈 연구자였습니다).

엘리어스 교수는 몇 개의 다른 부서와 공동 연구를 진행하고 있었는데, 전 파인골드 교수와의 공동 연구팀에 배속된 것 같았습니다. 엘리어스 교수는 전자현미경을 통한 각질층 관찰이 전문이었고, 각질층이 만들어지는 과정의 생화학적 연구를 담당하고 있던 것이 바로 파인골드 교수였습니다. 제게 감동을 안겨 준 플라스틱 막과 고어텍스를 사용한 실험 역시 파인골드 교수가 주도해서 진행한 것이었죠.

여기서 두 사람이 밝혀낸 장벽 항상성 구조, 즉 상처를 입은 후의 회복 구조에 대해 한 번 더 자세히 설명하겠습니다.

각질층은 죽은 세포로 이루어집니다. 살아 있을 때는 케라티노 사이트라는 세포였습니다. 케라티노사이트는 표피의 가장 깊은 곳, 기저층이라 불리는 장소에서 분열해 형태와 조성을 바꿔 가며(분화하며) 표면으로 올라옵니다. 각질층이 되기 직전, 표피의 가장 바깥층(과립층이라 불립니다)에서 케라티노사이트 안에 라멜라 과립이라는 지질(세라미드, 유리지방산, 콜레스테롤)을 품은 입자들이 생겨납니다. 결국 케라티노사이트는 죽지만, 그와 동시에 라멜라 과립 안의 지질이 세포 바깥으로 밀려나가 죽은 세포 사이를 메웁니다. 이 상태는 벽돌(죽은 세포)을 모르타르(지질)로 쌓아올린 것 같기 때문에, 엘리어스 교수는 '벽돌 & 모르타르' 구조라고 이름 붙였습니다.(그림 5) 각질층이 파괴되면 앞에서 말했던 라멜라 과립으로부터 지질이 방출되고, 이어서 지질 합성이 시작되며 상처를 입은 장벽 기능이 빠른 속도로 회복됩니다.

유학 전, 엘리어스 교수로부터 "무슨 연구를 하고 싶은가"라는 편지(당시에는 인터넷 메일 같은 건 없었습니다)를 받고, 대담하게 "생리학, 분자생물학적 연구가 하고 싶다"고 답신을 보냈습니다. 어렵게 찾아온 유학 기회이니 모르는 분야에 도전해 보고

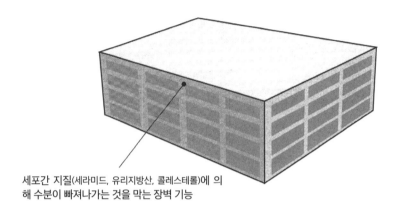

세포간 지질(세라미드, 유리지방산, 콜레스테롤)에 의
해 수분이 빠져나가는 것을 막는 장벽 기능

그림5 각질층의 '벽돌 & 모르타르' 구조

싶었습니다.

첫 번째 연구가 궤도에 오르기 시작한 3개월 후 엘리어스 교수
와 파인골드 교수가 상의해 "덴다가 또 하나의 주제도 다루어 주
었으면 좋겠다"며 두 번째 연구 과제를 주었습니다. 장벽 기능이
계속해서 저하되면 무슨 일이 일어나는지, 이 변화를 플라스틱
막으로 감싸는 것으로 억제할 수 있는지를 확인하는 실험이었습
니다. 악전고투한 끝에 장벽 기능은 파괴되어도 원래대로 돌아가
지만, 연속적으로 장벽 기능의 저하가 이어지면 염증이 발생한다
는 것을 밝혀냈습니다. 이 연구는 그 후에도 엘리어스 연구실에

서 '덴다 모델'이라고 불리며, 거칠어진 피부를 개선하기 위한 약제를 찾는 연구 등에 사용됐습니다. 다른 논문에 인용된 횟수도 100회를 넘었지요.[29]

유학 시절의 마지막 무렵 진행한 연구 중 하나가 트라넥삼산Tranexamic acid의 효과입니다. 그 무렵 시세이도의 키타무라 켄지北村謙始 박사가 거친 피부의 개선 물질로서 그 효과를 발견했지요. 그 내용이 실린 논문을 찾은 파인골드 교수가 "장벽 기능이 파괴된 뒤 사용하면 어떻게 될지 실험해 보는 건 어떨까?" 하고 제안했습니다. 제 팔의 각질층을 셀로판테이프로 떼어 내고 수분 증발량을 관찰하며 트라넥삼산의 효과를 조사해 보았습니다. 놀랍게도, 장벽 기능이 파괴된 뒤 트라넥삼산을 넣자 물만 넣었을 때와 비교해 장벽 기능의 회복이 매우 빨라졌습니다.

파인골드 교수에게 보고하자 "정말인가? 이번에는 아세톤으로 세포간 지질을 씻어내는 방법을 이용해 장벽 기능을 파괴한 뒤 트라넥삼산의 효과를 확인해 보도록"이라고 했습니다. 바로 실험해 보자, 이번에도 트라넥삼산은 상처를 입은 장벽 기능의 회복을 빠르게 하는 효과를 보였습니다.

샌프란시스코로부터 일본으로 돌아온 다음 해, 그 결과가 피

부 과학 분야에서 가장 권위 있다고 인정받는 학술지에 게재됐습니다.[30]

이를 기회로 유학 후에는 '각질층의 장벽 기능이 파괴된 뒤 회복 속도를 빠르게 하는 방법'을 찾는 것이 가장 핵심적인 일이 됐습니다. 유학 시절 가장 먼저 했던 연구가, 아주 작은 상처라도 장벽 기능의 저하가 이어지면 염증이 발생한다는 내용이었죠. 그런 의미에서 장벽 기능 파괴 후의 회복 촉진은 피부 건조 방지 및 개선과 연결된다고 생각했던 겁니다.

마그네슘과 칼슘, 그리고 전기

장벽 기능 회복 실험은 인간을 대상으로도 가능합니다. 전 이런저런 실험을 거듭했습니다.

제가 유학 가기 전, 한국에서 온 박사후 연구원이던 이승한 박사(현재 한국 연세대 교수)가 칼슘 이온(염화칼슘 수용액)을 장벽 기능 파괴 후에 부으면 장벽 기능의 회복이 더뎌진다는 사실을 발견한 적이 있습니다.[31] 거기에서 저는 그 외의 금속 이온을 장벽 기능 파괴 후에 사용해 보기로 했습니다. 그런데 마그네슘 이온 (염화마그네슘 수용액)을 부으면 장벽 기능의 회복 속도가 빨라졌습니다. 게다가 거기에 칼슘 이온을 더하면 기묘하게도 회복 속도가 더욱 빨라지는 겁니다. 가장 효과가 좋은 것은 마그네슘 이온과 칼슘 이온의 몰 농도가 정확히 반반인 경우입니다.[32]

이 결과를 회사 회의에서 발표하자, 바로 신제품에 사용하는 것으로 결정났습니다.

그 자체는 명예로운 일입니다만, 임원이 "왜 그런 일이 일어나는가"라고 물었습니다. 솔직한 대답은 '해 봤더니 효과가 있던데요'지만 그렇게 답할 수는 없는 노릇입니다. 우연히 스웨덴의 카롤린스카연구소(노벨상 수상자를 결정하는 연구소로도 유명합니다)에서 일하는 폴스린드 박사팀이 표피의 칼슘, 마그네슘 분포를 전자선 산란을 통해 해석한 결과, 둘 다 표피층 최상부(과립층)에서 농도가 가장 높았다는 논문[33, 34]을 발표한 것을 발견해 "표피 표면에서 이들 이온의 농도가 높아지는 것이 장벽 기능의 유지에 중요하다고 생각됩니다"고 답했습니다. 그러자 임원은 "표피 안에서 그렇게 된 사진을 보여 줘"라고 주문했습니다. "아니, 폴스린드 박사의 논문에서는 숫자로 표현되어 있을 뿐 사진 같은 게 있을 리가 없습니다"라고 하자, "그럼 네가 노력해서 사진을 찍어와. 안 그러면 설득력이 없잖아"라고 명령받았습니다.

어떡하지, 라며 이래저래 생각을 거듭하던 중 문득 '칼슘 지시약'이라고 불리는 시약이 있다는 사실을 떠올렸습니다. 칼슘 이온과 결합해 형광을 내는 화학물질입니다. 칼슘 지시약을 녹인 한천에 섞어 현미경용 슬라이드글라스 위에 발랐습니다. 그 위에 순간적으로 얼린 피부 샘플을 얇게 자른 뒤 얹고, 형광현미경으로 관찰했습니다. 얇은 한천 막에 지시약을 섞으면 물속에서 쉽게 확산되어 버리는 지시약이나 칼슘 이온이 한동안 확산되지 않은 채 가만히 있을 거라고 생각했기 때문입니다.

현미경을 통해 보자 각질층의 아래, 표피의 최상부층이 멋지게 빛나고 있었습니다. 즉, 거기에 칼슘 이온이 잔뜩 있다는 이야기지요. 칼슘 지시약은 마그네슘 이온과도 결합하지만, 이 경우 형광빛이 약합니다. 그래서 칼슘 이온만 붙잡아 놓는 화학약품(킬레이트제라고 부릅니다)으로 일단 칼슘 이온이 칼슘 지시약과 결합하지 못하도록 했습니다. 그리고 앞에서 말한 작업을 다시 진행해서 관찰했더니, 역시나 표피 최상부층이 흐릿하게 빛나고 있었습니다. 아마도 마그네슘 이온이겠죠.(그림 6)[35] 이것으로 임원도

놀라운 피부

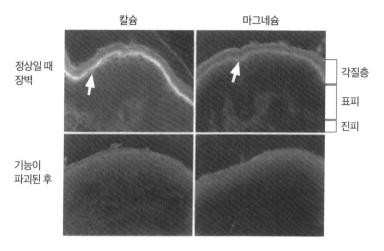

칼슘　　　　　　　　마그네슘

정상일 때
장벽

각질층

표피

진피

기능이
파괴된 후

그림6 **표피의 최상부에 있는 칼슘 이온, 마그네슘 이온의 국재와 확산**

납득해 줄 것 같았습니다.

　흥미롭게도 장벽 기능을 파괴한 직후의 피부에서는 칼슘 이온
도 마그네슘 이온도 모두 확산해 버렸습니다. 장벽 기능의 유지
를 위해서는 칼슘 이온 등이 표피 최상부층에 국재(한 부분에 모여
있는 것)해야 할지도 모르겠다는 생각이 들었지요.

　건강한 표피의 최상부에는 칼슘 이온이 고농도로 모여 있다는
사실이 관찰을 통해 확인됐습니다. 장벽 기능이 파괴되면, 이 국
재 현상은 사라집니다. 아토피성 피부염이나 건선 등 장벽 기능

이 떨어지는 피부병의 경우에도 역시 표피 안쪽의 칼슘 이온 국재 현상이 사라진다는 것이 보고된 바 있습니다.[36] 어느 경우든 잘려 나온 피부의 조각, 즉 죽은 피부입니다. 살아 있는 피부로 표피 안 칼슘 이온의 움직임을 관찰할 수 있으면 재미있을 것 같고, 피부 상태 판단에도 도움이 될 거라고 생각했습니다. 하지만 어떤 방법을 써야 할까요.

물리화학 분야에서 '농담濃淡 전기'라고 불리는 현상이 떠올랐습니다. 예를 들어 튜브 안에 있는 염화칼슘 수용액의 양 끝에 농도 차가 생기면 그 사이에 전위차가 발생합니다. 표피의 최상부에 있는 칼슘 이온 농도가 높아지면 표피의 뒷면과 겉면에 전위차가 발생할 테고, 장벽 기능이 파괴되어 이온이 흩어지면 전위차도 사라지겠죠. 그러니 표피 안팎의 전위차를 측정하면 간접적으로나마 칼슘 이온의 분포를 관찰할 수 있을 겁니다.

그래서 '피부의 전기 현상'에 관해 조사해 보기로 했습니다. 피부 안쪽 면을 기준으로 표면에 마이너스 전위차가 생기는 것은 19세기부터 이미 알려진 현상입니다. 또한 이 전위차는 인간의 정신 상태 등에 따라 변화하기 때문에, 심리학 분야에서는 일찌감치 쓰이고 있다는 사실을 알게 됐습니다. 소위 말하는 '거짓말

놀라운 피부

탐지기'가 이 현상을 응용한 결과물이지요.

당시 참고 자료에는 "피부의 전위 변화는 땀샘의 변화 때문에 일어난다"고 기술되어 있습니다. 이게 맞다면 제 가설인 표피 속 칼슘 이온이 전위차를 발생시킨다는 건 틀린 말이 됩니다. 포기하고 싶지는 않았기 때문에, 더 조사해 보기로 했습니다. 그러자 1982년, 영국 연구자가 땀샘이 없는 모르모트의 발바닥, 사람의 입술 표면에도 피부의 안쪽 면에 비해 마이너스 수십 mV의 전위차가 있다고 보고하며 "피부는 강력한 전지다"라고 주장한 논문을 발견했습니다.[37] 이 논문에 기대어, 전 표피 속의 칼슘 이온 움직임을 간접적으로 측정하기 위해 어떻게든 피부 안팎의 전위차를 측정해 보기로 결심했습니다.

그럼 그 전위차를 어떻게 판정할 것인가. 책장에 『다이나믹한 현상을 과학으로 풀다 : 신체에 나타나는 리듬과 패턴을 품은 비선형성을 생각하다 ダイナミックな現象を科学する 身近に見るリズムやパターン潜む非線形性を考える』라는 책이 있었습니다. 여러 가지 자연 현상에 나타나는 패턴을 물리화학적으로 보자는 책으로, 전위차를 판정할 수 있는 실험도 소개되어 있었습니다. 재빨리 피부의 안팎 전위차를 조사하고 싶다는 등의 내용을 적어 저자인 나카다

사토시中田聡 박사에게 메일을 보냈습니다. 나카다 박사로부터 바로 답변이 왔죠. "전위차라면 제 후배인 이바라키대학의 쿠마자와 노리유키熊沢紀之 박사에게 물어보는 게 좋겠네요"라며 쿠마자와 박사의 연락처를 가르쳐 주었습니다. 쿠마자와 박사에게 연락하고 바로, 당시엔 미토 캠퍼스에 있던 박사의 연구실을 방문했습니다. 회사의 잡동사니 무더기에서 발견한 전극, 전위차계 등을 가져가자, 박사는 정중하게 기기 사용법과 주의점 등을 가르쳐 주었습니다.

회사에 돌아와 피부 박편의 조직배양계로 안팎의 전위차를 측정하면서, 먼저 세포 호흡을 멈춰 세포를 죽게 만드는 약품을 배양액에 넣어 보았습니다. 곧 전위차가 사라졌습니다. 피부의 전위차는 살아 있는 세포의 활동 결과인 것 같았습니다. 그 뒤 이 장치를 이용해 거칠어진 피부나 노화에 의한 표피 상태 악화도 검출할 수 있다는 사실을 확인했습니다.[38]

그럼 세포의 어떤 활동이 전위차를 만들어 내는 것일까요?

제가 표피에 전위차가 생길 것이라는 가설을 세운 이유는 표피 속 칼슘 이온의 국재(표피 최상부에 집중)가 발견됐기 때문입니다. 그렇다면 분명 칼슘 이온을 움직이는 '부품'이 중요할 것입니다.

세포에서 칼슘 이온을 움직이는 것은 칼슘 이온만 통과시키는 구멍인 '칼슘 채널'과 에너지를 사용해 칼슘 이온을 '방출'시키는 칼슘 펌프라는 분자 기계입니다. 그리고 이 구멍을 막거나 펌프의 방출 작용을 방해하는 약품이 각각 있습니다. 이 약품을 배양액에 넣었더니 전위차가 줄어들기 시작하다가, 결국은 사라졌습니다.[39]

이런 실험 결과로부터 피부 표면의 마이너스 전위와 또는, 동전의 앞뒷면과 같다고 생각합니다만, 표피 최상부의 칼슘 이온 국재는 살아 있는 세포의 칼슘 펌프나 칼슘 채널이라는 분자 기계가 작동해 만들어 낸다는 사실이 확실히 밝혀졌습니다(그림 7).

그 다음으로 제가 생각했던 건, 장벽 기능 파괴 후 마이너스 피부 표면 전위가 사라졌다가 장벽 기능 회복 후 다시 나타난다면 장벽 기능 파괴 후 외부로부터 전위(전압)를 걸어 주면 장벽 기능의 회복 속도에 변화가 생기지 않을까 하는 점이었습니다. 바로 쿠마자와 박사에게 상담하고, 플러스마이너스 0.5V의 일정한 전압을 피부에 계속 걸어 주는 장치를 만들어서 실험에 착수했습니다. 그러자 마이너스 0.5V의 전압을 가한 부위는 전압을 가하지 않은 부위보다 장벽 기능의 회복이 빨라졌습니다. 반대로 플러스

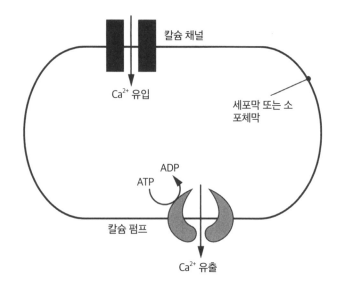

칼슘 채널

Ca²⁺ 유입

세포막 또는 소
포체막

ADP

ATP

칼슘 펌프

Ca²⁺ 유출

그림7 **칼슘 채널과 칼슘 펌프의 모식도**

0.5V의 전압을 가한 부위는 장벽 기능의 회복이 더뎌졌지요.[40]

2010년 독립행정법인(현재, 국립연구개발법인) 과학기술부흥기구로부터 거액의 연구비를 지원받았기 때문에, 피부 속을 관찰할 수 있는 2광자 레이저 현미경 장치를 구입했습니다. 미용 성형에서 나온 피부 박편을 이용해, 구마모토 준이치熊本淳一 연구원과 위와 같은 실험을 반복해 보았지요. 그 결과 마이너스 0.5V의 전압을 가한 부위에서는 칼슘 이온의 국재가 현저해진다는 것과 라

놀라운 피부

멜라 과립으로부터 지질 분출이 촉진된다는 사실을 다시 한 번 확인할 수 있었습니다.[41]

　한때 "자동차가 달리는 것은 가솔린에 불을 붙여 에너지를 회전 동력으로 바꾸기 때문이다" 같은 식으로 각질층의 항상성 유지 기능을 설명하려 했던 저는, 겨우 결론에 도달했습니다. "각질 기능은 표피 세포에 있는 칼슘 채널, 칼슘 펌프에 의한 칼슘 이온의 국재, 또는 그에 따라 생겨나는 전위차에 의해 만들어진다"는 겁니다.

　2002년에는 엘리어스 교수가 표피의 분화(분열해서 각질이 되는 것), 장벽 기능의 유지에 표피 속 칼슘 이온의 국재가 근본적으로 중요한 역할을 한다는, 총결산이라고 해도 과언이 아닌 논문을 발표했습니다. 이 논문에는 저도 세 번째 저자로 올라 있습니다.[42]

제3부

피부의
보이지 않는
능력

'감각'과 '지각'

자, 그럼 지금부터 '피부에 청각이 있다'는 둥, '시각도 있다'는 둥 말도 안 되는 이야기를 써 나가겠습니다. 흥미롭게 읽을 수 있도록 실험이나 일화도 가능한 한 많이 소개하려 합니다만, 그 전에 단어의 정의부터 시작하죠. '감각'과 '지각'이라는 단어입니다. 이 두 단어의 차이점을 명확하게 해 두지 않으면 앞으로 나올 내용을 오해할 수 있으니까요.

우리가 뜨거운 것, 차가운 것에 닿으면 각각의 온도에 활성화되는, 바꿔 말해서 '스위치'가 '온ON'이 되는 단백질(온도 감수성

수용체)이 대응해 결과적으로 신경을 흥분시킵니다(뒤에서 자세히 설명하겠습니다). 여기까지를 '감각'이라고 정의합니다. 그리고 신경으로 넘어간 정보가 대뇌에 전해져 '뜨겁다', '차갑다'를 의식하는 것을 '지각'이라고 정의합니다. 멍해져 있을 때 누군가와 닿으면, 또는 알람이 울려도 눈이 떠지지 않으면 의식하지 못합니다. 이런 경우는 '감각' 기능은 작동하고 있지만 '지각'하지 못하기 때문입니다.

즉, '지각'에는 뇌에 의한 의식이 필수입니다. 그렇기에 뇌가 없는 생물, 짚신벌레나 해파리, 성게 등은 '감각' 기능은 가지고 있지만 '지각' 기능은 가지고 있지 않습니다.

~~~~~~~~~   **여성의 섬세한 '촉각'**

오랫동안 촉각은 진피에 존재하는 여러 가지 신경말단의 구조물이 압력이나 진동을 감지하는 것, 온도나 화학자극(고추나 산성용액을 발랐을 때의 아픔, 가려움)은 표피 군데군데에 박혀 있는 신경섬유가 관계하는 것이라고 생각되어 왔습니다.

놀라운 피부

한편 피부 표면에 온도를 느낄 수 있는 온점이나 압력을 느끼는 압점, 아픔을 느끼는 통점 등이 1㎜ 정도의 밀도로 점점이 퍼져 있다는 사실 역시 오래 전부터 알려져 왔습니다. 하지만 이 '점'과 신경과의 관계는 오랫동안 수수께끼였습니다.

그런데 저희는 어떤 실험을 통해, 촉각이 케라티노사이트와 관계 있는 건 아닌가 하고 생각하게 됐습니다.

계기는 머리카락의 '윤기'에 대해 연구하고 있는 연구자가 가지고 온 딱딱한 플라스틱판이었습니다. 사람의 건강한 머리카락은 규칙적으로 늘어선 큐티클cuticle이라고 불리는 비늘로 감싸여 있습니다. 잘못된 파마 등으로 이 큐티클이 벗겨지면 머리카락의 표면에 불규칙적인 요철이 생기게 됩니다. 이것을 재현하기 위해 연구자는 플라스틱판의 위에 깊이 1㎛, 너비 10㎛의 선을 규칙적으로 배열한 것(큐티클이 살아 있는 머리카락 모델), 그리고 깊이 1~3㎛, 너비 10~30㎛의 선이 불규칙하게 늘어선 것(상한 머리카락 모델)을 가져 왔습니다. 표면을 손끝으로 훑고는 놀랐습니다. 규칙적인 선을 만졌을 땐 아무 느낌이 없었지만, 불규칙하게 파인 선을 훑자 뭐라 말할 수 없는 불쾌감이 느껴졌기 때문이지요. 우리는 깊이 3㎛, 너비 30㎛의 선을 규칙적으로 배열한 판을 하

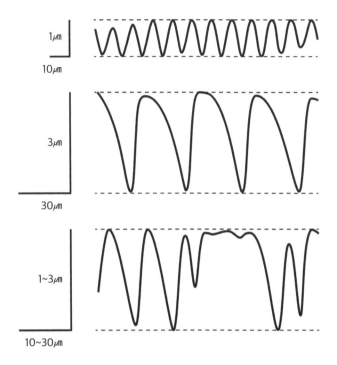

그림 8 머리카락 모델 플라스틱판 단면도

나 더 만들었습니다. 이것을 만졌을 땐 불쾌감이 느껴지지 않았
습니다.(그림 8)

　저 혼자만 느끼는 감각인지 확인하기 위해, 연구소에 있는 사
람들 중 남녀 각 10명씩에게 세 종류의 판을 만져 달라고 부탁하

　　　　　　　　　　　　　　　　　　　　　　　　놀라운 피부

고 "어떤 판이 가장 불쾌했나요?"라고 물어봤습니다. 그러자 남성은 대답이 제각각이었지만, 여성은 10명 모두가 '불규칙한 판'이 불쾌하다고 답했습니다.[43]

손끝 감각의 섬세한 정도는 지문의 요철과 관계 있다는 학설이 있습니다.[44] 그래서 손끝에 콜로디온액(액체 반창고의 원료)을 바르고 말려 지문을 평평하게 한 뒤 다시 실험해 보았습니다. 그러자 여성 10명 중 9명이 역시나 불규칙한 판이 불쾌하다고 답했습니다.

즉, 여성의 손끝은 지문이 없어도 마이크로미터 단위의 질서, 또는 규칙도를 식별할 수 있는 겁니다. 우연하게도 저희 회사에서는 여성이 우위를 차지했고요. 그 이후 기회가 있을 때마다 여러 사람에게 실험을 부탁했는데, 과학 칼럼니스트인 다케우치 카오루竹內薫 씨, 비트 다케시ビートたけし, 일본의 영화감독 겸 배우, 개그맨. 본명은 기타노 다케시北野武 씨도 불규칙한 판이 '불쾌'하다고 답했습니다. 남성이라도 손끝의 감각이 예민한 사람이면 마이크로미터 단위의 규칙도를 식별할 수 있는 듯합니다.

자, 이렇게 되면 촉각은 대체 무엇이 담당하는 것일까요? 밀리미터 단위로 퍼져 있는 '압점'이 어떻게 마이크로미터 단위의 규

척도를 식별하는 것일까요?

그래서 저희는 "촉각을 느끼는 최전선은 신경섬유가 아닌 케라티노사이트인 건 아닐까"라는 가설을 세웠습니다. 케라티노사이트는 피부 표면에 마이크로미터 단위로 늘어서 있습니다. 각각의 케라티노사이트가 센서라면, 해상도는 마이크로미터 단위가 되겠지요.

확인하기 위해 피부를 형성하는 여러 가지 세포, 구체적으로는 분화한 (피부 표면의) 케라티노사이트, 분화하지 않은 케라티노사이트, 진피를 구성하는 섬유아세포, 혈관 안쪽 세포, 림프절 세포, 그리고 말초신경세포에 수압, 기압을 가해 보았습니다. 그 결과 가장 민감하게 반응한 것이 분화한, 즉 표피의 최상부에 있는 케라티노사이트였습니다.[45, 46]

'감각'에 대해 분자 레벨로 이해하게 된 것, 다시 말해 자극에 반응하는 단백질을 발견한 것은 20세기 말의 일입니다.

1997년에 캘리포니아대학 샌프란시스코 캠퍼스의 데이비드 시리우스David Sirius 박사팀이 43℃ 이상의 온도, 고추의 매운 성분인 캡사이신, 그리고 산성에 반응하는 온도, 화학자극 감수성 단백질 TRPV1(당시는 VR1)의 구조를 밝혀냈습니다.[47] 유전자 조작으로 이 단백질을 없앤 쥐는 일반적인 쥐라면 핥자마자 바로 도망갈 만한 캡사이신이 든 물을 꿀꺽꿀꺽 마셨지요.

그 후 52℃에 반응하는 TRPV2, 30~40℃에 반응하고 압력에도 반응하는 것 같은 TRPV4, 22℃ 이하의 온도와 청량감이 있는 박하에 반응하는 TRPM8, 17℃ 이하의 온도에 반응하는 TRPA1 등이 차례차례 발견됐습니다.[48]

당시 이들 단백질은 당연히 신경섬유에만 존재하는 거라고 생각했습니다. 그런데 21세기를 맞이할 무렵, 저희는 먼저 TRPV1이 표피를 형성하고 결국 때가 되는 케라티노사이트에 존재하며 캡사이신, 산성, 고온에 의해 케라티노사이트도 흥분한다(세포 안의 칼슘 농도가 높아진다)는 사실을 발견했습니다.[49, 50] 더해서 저희는 저온에서 동작하는 TRPM8, TRPA1도 케라티노사이트에 존재하며 케라티노사이트가 저온에 대해서도 흥분한다는 것을 확인했습니다.[51, 52] 다른 연구팀에 의해 TRPV3, TRPV4도 케라티노사이트에 존재하고 움직인다는 사실이 보고됐습니다.[53, 54]

TRPV4는 압력을 받으면 동작한다고 일컬어집니다. 그렇다면 뜨거움, 차가움, 그리고 촉각(압력이 피부에 가해지는 감각)에도 케라티노사이트의 TRP 무리가 관여하는 건 아닐까 하고 상상해 볼 수 있습니다.

이밖에도 다수의 TRP가 케라티노사이트에 존재하며, 피부감각 뿐만이 아니라 표피가 끊임없이 생겨나며 형태나 기능을 보존하는 과정에도 중요한 역할을 하고 있습니다.[55]

저희의 가설은 아직 가설일 뿐입니다. 그러나 TRPV1을 발견했던 시리우스 박사팀의 멤버인 마이클 카타리나Michael Catalina 박사 일행이 그 일부를 검증하는 실험 결과를 보고해 주었습니다. 30~40℃에서 작동하는 TRPV3는 사실 케라티노사이트에만 있는 것이 밝혀졌지요. 그들은 케라티노사이트와 말초신경세포를 함께 배양하고 케라티노사이트의 TRPV3를 자극해 보았습니다. 그러자 케라티노사이트가 프로스타글란딘Prostaglandin이라는 물질을 방출하고, 이 물질이 신경세포를 흥분시켰지요.[56] 자유로운 연구가 가능한 연구자에 의해, 더욱더 저희의 가설이 검증되기를 기대하고 있습니다.

최근에는 손끝은 마이크로미터를 넘어서 나노미터(마이크로미터의 1000분의 1, 밀리미터의 100만 분의 1) 단위의 선까지 검출해 낼 수 있으며[57], 게다가 피부에는 독자적인 정보처리 시스템이 존재한다는 사실도 보고되었습니다.[58] 연구팀은 손끝에 다양한

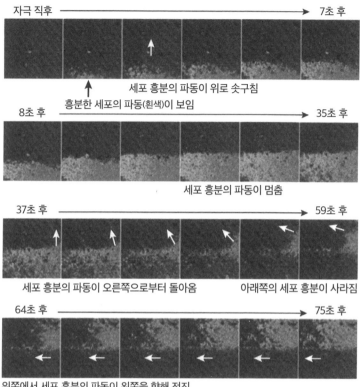

자극 직후 ──────────────────────────► 7초 후

세포 흥분의 파동이 위로 솟구침

흥분한 세포의 파동(흰색)이 보임

8초 후 ──────────────────────────► 35초 후

세포 흥분의 파동이 멈춤

37초 후 ──────────────────────────► 59초 후

세포 흥분의 파동이 오른쪽으로부터 돌아옴   아래쪽의 세포 흥분이 사라짐

64초 후 ──────────────────────────► 75초 후

위쪽에서 세포 흥분의 파동이 왼쪽을 향해 전진

그림9 **자극에 의해 시공간적인 패턴을 그리는 케라티노사이트**

형태의 요철 패턴을 갖다 대고, 팔의 신경에 가느다란 전극을 넣어 신경의 반응을 관찰했습니다. 그 결과 손끝에 닿은 물체의 형태에 따라 팔의 신경 반응이 달라졌습니다. 피부 속에서, 어떤

메커니즘인지는 정확히 모르지만, 닿은 물체의 형태에 대해 어느 정도 정보처리가 이루어진다는 사실을 보여 주는 연구 결과입니다.

저희는 배양 접시에서 자란 케라티노사이트가 자극에 따라 왔다갔다 하는 파동(세포 흥분의 강약)을 나타내고, 이 파동이 일단 전진했다가 멈추고 그 후 원을 그리며 도는 등 다양한 시공간 패턴을 보인다는 사실을 밝혀냈습니다.(그림 9)[59] 표피 안에서도 케라티노사이트가 자극을 받을 때마다 다양한 시공간 패턴을 그릴 가능성이 있습니다. 이런 움직임과 말초신경과의 상호작용으로 피부의 정보처리가 이루어질지 모른다고 생각합니다.

촉각이라는 매우 흔한 '감각', 그 속에는 지금부터 설명할 다양한 수수께끼가 숨어 있는 것 같습니다.

피부는 '듣고 있다'

인간의 청각은 귀로 느끼는 것이라고 알려져 있습니다. 하지만 어떤 일을 계기로 '피부, 그 중에서 표피는 음파를 감지하는 것이 아닐까' 하는 생각을 갖게 되었습니다. 계기는 민속음악의 연구자면서 음악집단 '게노야마시로구미芸能山城組'를 이끌고 있는 오하시 츠토무大橋力 박사예명은 야마시로 쇼지山城祥二의 연구를 신경과학학회에서 알게 되면서부터였습니다.

각양각색의 놋쇠나 금속 타악기를 합주하는 '가믈란gamelan'이라는 인도네시아의 민속음악이 있습니다. 오하시 박사팀은 발리섬에서 가믈란을 연주하던 연주자가 트랜스(황홀) 상태에 빠지는 모습을 목격하고, 그 원인이 귀에는 들리지 않은 음파의 영향이라는 사실을 발견했습니다. 그런데 라이브 연주 때는 트랜스 상태가 되더라도, CD에 녹음된 연주로는 트랜스 상태가 되지 않은 겁니다.

일반 CD에는 주파수 2만Hz까지의 소리만 녹음됩니다. 하지만 가믈란 라이브 음원을 해석해 보면 사실은 10만Hz 이상의 소리까지 섞여 있지요. 이 라이브 음원을 들을 경우 뇌파나 혈중 호르몬 수치에 변화가 생깁니다.

또한 연구팀은 피험자의 머리부터 아래까지 소리가 통하지 않는 물질을 씌우고, 다시 한 번 가믈란의 라이브 연주를 듣게 했습니다. 그러자 놀랍게도 생리 현상을 포함한 모든 영향이 사라져 버렸습니다. 이 결과로부터 오하시 박사팀은, 고주파수의 소리가 귀가 아닌 몸 표면에서 수용된다는 가설을 세우게 됐습니다.[60, 61]

전 얼마 지나지 않아 오하시 박사의 연구실에 초대되는 기회를 얻었습니다. 그곳에서 박사는 오토모 가츠히로大友克洋 감독의 애니메이션 영화 〈AKIRA〉(1988년 극장 개봉)를 보여 주었습니다. 이 영화의 음악은 게노야마시로구미가 담당했습니다. 연구실에서 일반 DVD, 다시 말해 2만Hz 이하의 소리만 담겨 있는 DVD와 10만Hz 이상의 고주파 영역의 소리까지 담겨 있는 블루레이디스크BD를 연달아 보았습니다.

영화 도입부에서는 오토바이가 근미래의 황폐해진 도쿄를 질주하고, 이어서 폭발이 일어납니다. 일반 DVD로 보았을 때는 별다른 생각이 없었습니다. 그런데 고주파수 소리가 들어 있는 BD로 봤을 때는 영화에 폭발이 일어난 순간 깜짝 놀라 뒤를 돌아보고 말았습니다. 본능적으로 위험을 감지했던 거지요.

굳이 말할 것도 없이, 폭발은 굉장히 위험한 현상입니다. 체모를 잃은 인간에게는, 예를 들어 낙뢰, 분화, 사태, 쓰러진 나무 등 위험한 상태를 시각이나 귀에 의한 청각으로 확인하고 피해서 달아나기 전에, 이런 현상이 발생할 때 나오는 고주파수의 소리에

놀라운 피부

순간적으로 반응하는 별도의 시스템이 마련되어 있는 건 아닐까요. 위험을 바로 피부로 감지하고 반사적으로 달아날 수 있었기에 체모를 잃은 인류의 조상이 살아남았을지도 모릅니다.

만약 그렇다면 고주파수 소리가 표피 기능에도 무언가 영향을 끼치는 것은 아닐까 생각했습니다. 그래서 파괴된 피부의 장벽 기능 회복 속도에 소리가 끼치는 영향을 조사해 보기로 했습니다. 그 결과, 가청 범위인 5,000Hz의 소리는 장벽 기능 회복에 영향을 주지 않았지만 1만~3만Hz의 소리를 틀었을 때는 장벽 기능의 회복이 촉진되었습니다.[62] 이 결과로부터 고주파수 소리가 먼저 표피에 어떤 생리적 변화를 일으키는지와, 그 변화가 호르몬 수치나 뇌파에 얼마나 영향을 끼칠지 생각해 볼 수 있습니다.

이것과는 별개로 피부가 소리를 '듣고 있다'는 사실을 시사하는 연구가 보고된 바 있습니다.

이 연구에서는 가청 범위의 음이 쓰였습니다. 마이크에 날숨이 닿을 정도의 '파열음'인 Pa와, 그렇지 않은 Ba입니다. 실험에서는 피험자에게 Ba라는 발음을 들려주는 동시에, 피험자의 머리 또는 손 피부에 음이 들리지 않을 정도의 세기로 공기를 쏘았습니다. 그러자 피험자는 Pa라는 발음이 들렸다고 답했습니다.[63] 그렇다면 가청 범위의 음을 들을 경우에도 피부에 닿는 음압이 관련되어 있을 가능성이 있습니다.

클래식 음악도, 록도, 비디오나 CD 등에서 느껴지는 박력은 라이브 연주와 비교가 되지 않습니다. 아마도 악기음이나 가수의 목소리가 내는 압력, 또는 고주파수 소리가 비디오나 CD에는 수록되지 않기 때문이겠죠.

~~~~~~~~~~   **피부는 '보고 있다'**

보통 우리가 눈으로 '보고' 있는 것은, 물체에 반사된 빛입니다. 빛이라는 건 X선이나 라디오, TV, 휴대전화 등에 쓰이는 전자파의 일종이죠. 눈에 보이는 빛인 가시광선은 파장 400~700nm의 전자파입니다. 400nm보다 파장이 짧은 빛은 자외선, 700nm보다 파장이 긴 빛은 적외선이라 부릅니다.

우리 눈에서 빛과 색을 감지하는 건 안구 안쪽에 있는 망막이라는 부분입니다. 우리 눈에 적외선이나 자외선이 보이지 않는 이유는 망막에서 빛을 받아들여 반응하는 단백질(광수용체)이

400~700nm의 전자파에만 반응하기 때문이지요. 나비는 자외선을 감지할 수 있습니다. 그러므로 나비에게 있어 자외선은 가시광선입니다. 벌은 적외선을 감지할 수 있습니다. 벌에게 있어 적외선은 가시광선이지요.

피부는 자외선을 쬐면 검게 타고, 심할 경우 화상까지 입습니다. 적외선도 '따뜻하다'는 감각으로 감지합니다. 그렇다면 그 사이의 가시광선도 피부에 영향을 주는 게 아닐까요. 만약 그렇지 않다면 피부에는 망막과는 정반대인 감각기관, 즉 400~700nm의 전자파만 감지하지 못하는 시스템이 존재한다는 게 됩니다. 아무래도 말이 안 되는 소리죠.

그래서 저희는 먼저 각질층의 장벽 기능을 파괴한 뒤, 적색광(파장 550~670nm), 청색광(파장 430~510nm), 녹색광(두 색 사이에 해당하는 파장), 그리고 백색광(모든 파장의 색을 합친 것)을 피부에 쬐며 장벽 기능의 회복 속도를 조사했습니다. 비교 대상은 빛을 쬐지 않은 피부입니다. 그 결과, 적색광을 쬔 피부는 빛을 쬐지 않은 피부에 비해 장벽 기능 회복 속도가 빨라졌습니다. 반대로 청색광을 쬐면 회복이 느려졌지요. 백색광, 녹색광은 장벽 기능 회복 속도에 영향을 주지 않았습니다.[64] 그리고 표피를 전자현미경으로 관찰했더니 세포간 지질의 분출이 적색광에서는 촉진되는 반면 청색광에서는 억제되는 것을 확인할 수 있었습니다.

다시 말해 표피를 형성하는 케라티노사이트는 적색광과 청색광에 대해 서로 다른 세포 레벨의 반응을 하고 있다는 이야기지요.

망막에서 감지한 빛과 색은 전기신호로 바뀌어 신경에 전달됩니다. 그 과정을 설명하자면 다음과 같습니다. 망막에서 광수용체가 빛에 의해 활성화되면, 트랜스듀신transducin이라는 단백질과 포스포디에스테라제6Phosphoediesterase-6라는 효소가 이를 전기신호로 바꾸고, 이것이 신경에 전달되어 뇌까지 도달하게 됩니다. 그제야 '보인다'는 지각이 생기지요. 그런데 이 효소의 활동을 억제하는 약품을 적색광을 쬐어 주기 전 피부에 발랐더니, 적색광에 의한 장벽 기능 회복 촉진 효과가 사라져 버렸습니다.[65] 그렇다는 것은 망막처럼 광수용 구조에 의한 감각을 전기신호로 바꿔 신경으로 전달하는 시스템이 있다는 소리일까요.

망막에서 빛의 명암을 담당하는 것은 로돕신rhodopsin이라는 단백질입니다. 빛의 삼원색(적, 녹, 청)을 분간하는 역할은 색마다 각각 반응하는 옵신opsin이라는 단백질이 담당하고 있지요.

혹시 이 단백질들도 표피에 존재하는 건 아닐까 하는 생각이

놀라운 피부

갑자기 떠올라, 항체염색법이라는 방법으로 로돕신과 청 옵신, 적녹 옵신이 피부에 존재하는지 여부를 관찰했습니다. 그 결과 로돕신은 표피의 중간 정도부터 표면을 향해 존재하고 있었습니다. 적색광과 녹색광이라는 비교적 파장이 긴 빛을 수용하는 옵신은 표피의 가장 깊은 곳에 늘어서 있었고, 파장이 짧은 청색광을 수용하는 옵신은 표피의 상부부터 중간층에 걸쳐져 있었습니다.[66] 적녹 옵신이 표피의 깊은 곳, 청 옵신이 그 위쪽에 있다는 것은 빛의 투과성을 생각하면 이해가 갔습니다. 긴 파장의 빛은 물질 투과성이 높아서 피부 표피의 안쪽까지 도달합니다. 그런 빛을 수용하는 단백질이 표피의 깊숙한 곳에 있는 반면, 짧은 파장의 청색광은 물질 표면만 겨우 통과할 정도이기 때문에 청 옵신은 표피의 상부에 있지 않으면 아무런 쓸모가 없지요.

표피에는 망막에 있는 광수용 구조, 그것을 신경에 전달하는 시스템, 둘 다 존재하는 것 같습니다. 그렇다면 피부는 가시광선을 감지할 수 있을까요.

앞에서 전제 삼아 이야기했듯이, 오감을 감지하는 감각기가 동작해 말초신경까지 정보가 도달하는 것이 '감각', 이것이 뇌까지 가서 "느꼈다"고 의식하는 것이 '지각'입니다. 피부에 가시광선을 쬔들 무엇도 '지각'할 수 없습니다(적어도 저는요). 하지만 피부, 특히 표피에 '가시광선 감각'이 있을 가능성은 존재합니다. 다만 '지각', 다시 말해 의식하는 것은 불가능합니다.

피부에서 빛을 느끼는 지각이 일어나는 건 아닌가 하는 지적이 임상의학 쪽에서 보고된 바 있습니다. 시차 적응을 치료하기 위해 강한 빛을 쬐는 방법이 있는데요, 이 방법은 시각장애자의 멜라토닌melatonin이라는 수면 리듬을 결정하는 호르몬 레벨에도 작용한다는 겁니다.[67] 이 불가사의한 현상의 이유로서 대뇌 송과체(뇌의 뒤쪽에 있는 솔방울 모양의 내분비 기관. 멜라토닌을 분비한다)에 남아 있는 광수용성 세포가 희미한 빛을 감지하는 것이 아닐까 하는 설이 있습니다. 하지만 인간의 송과체는 뇌의 안쪽에 있어서 거기까지 빛이 도달할 거라고는 보기 어렵습니다. 최근 유력한 것은 시각장애자의 망막에 지금까지 알려지지 않았던 멜라놉신melanopsin이라는 광수용 단백질이 있다는 설입니다.[68] 꽤 전에, 혈구에 광감수성이 있어서 무릎 뒤에 빛을 쬐어 주는 것만으로 하루 동안 변화하는 호르몬 수치에 영향을 미친다는 논문이 발표된 적이 있습니다. 하지만 후속 실험이 성공하지 못한 채 지금에 와서는 아무도 믿지 않는 학설이 되어 있습니다.

놀라운 피부

제 머릿속의 사고 실험에서는, 예를 들어 캄캄한 방에서 머리 부분을 빛으로부터 완전히 차단한 채 무릎 뒤 같은 좁은 부위가 아닌, 등이나 엉덩이처럼 피부가 넓게 존재하는 부위에 강한 빛을 쪼이며 오하시 박사의 소리 실험처럼 뇌파나 혈중 호르몬 수치를 측정하면 어떨까 합니다. 다들 바보 같다고 상대도 안 해 줄까요?

지렁이나 조개는 피부 표면에 분산되어 있는 광수용체 기관을 가지고 있습니다. 진화 과정에서 척추동물이 나타나고 육상 생활에 적응하면서 파충류는 비늘로, 조류는 깃털로, 대부분의 포유류는 털로 몸의 표면을 감싸면서 빛도 소리도 피부까지 닿기 어렵게 되었습니다. 하지만 인류는 120만 년 전 체모를 잃어버렸지요. 분명 피부를 드러내는 편이 생존에 유리했던 이유가 있을 겁니다. 어쩌면 소리의 경우처럼 우리의 피부는 눈보다 먼저 빛을 감지하고, 그것이 무의식에 작용하고 있을 것이라는 생각을 부정하기 어려워 보입니다.

피부는 '맛보고 있다', '냄새 맡고 있다'

지금까지 인간의 오감 중 촉각, 청각, 시각에 대해 이야기했습니다. 그렇다면 남은 감각인 '미각'과 '후각'도 피부와 관련이 있는지 생각해 보죠. 이 두 가지에 대해서도 '지각'이 아닌 '감각'의 범위에서 논하겠습니다.

'촉각', '청각', '시각'은 모두 생리 현상, 즉 무언가로부터의 압력, 소리(공기의 움직임), 그리고 빛이라는 전자파를 느끼는 것입니다. 한편 '미각', '후각'은 둘 다 어떤 분자를 식별하는 감각입니다.

미각에는 (고추처럼) 매운맛, 짠맛, 단맛, 신맛, 쓴맛, 그리고 최근에 들어서는 '감칠맛'이라는 것도 요소의 하나로 들어가 있습니다. 그렇다면 이들에 관련된 분자를 피부는 느낄 수 있는 것일까요?

고추같이 얼얼한 매운맛은 표피의 케라티노사이트에 반응하는 수용체가 있습니다. 고추의 매운맛 성분인 캡사이신에는 앞에서 이야기한 TRPV1이 반응합니다. 와사비, 겨자의 매운맛은 TRPA1이 반응합니다. 표피는 타바스코와 와사비, 그리고 머스터드를 감지할 수 있는 거지요. TRPA1은 이 외에도 시나몬의 성분과 마늘

놀라운 피부

의 성분에 반응합니다.

단맛에 대해서는 혀에 존재하는 단맛 수용체 단백질이 이미 발견됐습니다. 이 수용체가 케라티노사이트에도 존재하며 기능하는지에 대해서는 아직 확인된 바가 없습니다. 하지만 케라티노사이트는 어떤 종류의 당을 식별해 낼 수 있습니다. 지금껏 이야기한 수용체 단백질이 있는 것이 아니라, 지질로 이루어진 세포막이 여러 종류의 당 중에서도 일부를 아주 작은 분자구조의 차이를 통해 식별하는 겁니다.

이 현상을 발견한 계기가 된 건 역시나 장벽 기능 회복 실험이었습니다. 당류는 피부의 수분을 보존하는 보습제로서 스킨케어 제품에 자주 사용됩니다. 직업상, 이런 성분 중에 장벽 기능 회복 속도를 빠르게 하는 게 있다면 도움이 되겠다 싶었지요. 바로 여러 가지 당을 손에 넣어 실험해 봤습니다.

먼저 '설탕'의 성분인 수크로스는 효과가 없었습니다. 다음에 실험한 글루코스(포도당)도 마찬가지로 효과를 나타내지 않았죠. 그런데 화학식이 글루코스와 같은 프룩토오스(과당)는 장벽 기능 회복 촉진 효과를 보였습니다. 글루코스도 프룩토오스도 모두 육탄당이라 불리는 것으로, 분자 안에 탄소 원자 6개가 들어 있습니다.

육탄당은 모두 화학식은 같지만, 구조가 조금씩 다릅니다. 전 시중에서 판매되고 있는 12종류의 육탄당을 구해 장벽 기능 회복 속도에 끼치는 영향을 조사했습니다. 그 결과는 다음과 같습니다.

12종류 중에서 8종에 장벽 기능 회복을 촉진하는 효과가 있었습니다.[69] 앞에서 이야기했듯이, 화학식은 모두 똑같습니다. 게다가 효과가 없었던 글루코스와 효과가 있는 마노스는 입체 구조를 봐도 차이점을 바로 알아차리기 어렵습니다. 잘 살펴보면 -OH(수산기)의 방향이 조금 다르지만요.(그림 10) 케라티노사이트는 어떻게 이런 미세한 구조의 차이를 식별하는 것일까요? '수용체' 때문은 아니라고 생각했습니다. 또 효과가 짧은 시간, 즉 1시간 이내에 나타나기 때문에 혹시 세포를 둘러싼 막인 세포막에 식별 능력이 있는 건 아닐까 하고 생각했습니다. 만약 생화학적 현상이라면 보통 효과가 나타나는 데 수 시간 이상은 걸리기 때문이죠.

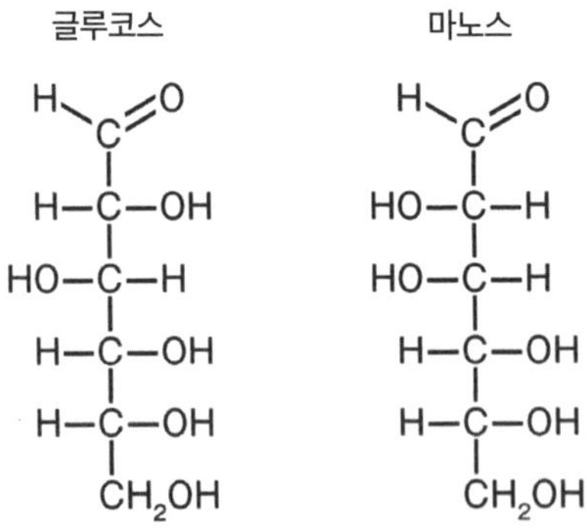

글루코스 | 마노스

```
  글루코스              마노스

   H    O              H    O
    \  //               \  //
     C                   C
     |                   |
 H — C — OH         HO — C — H
     |                   |
HO — C — H         HO — C — H
     |                   |
 H — C — OH          H — C — OH
     |                   |
 H — C — OH          H — C — OH
     |                   |
    CH₂OH               CH₂OH
```

그림 10 글루코스와 마노스의 미세한 차이

세포막은 인지질이라는 지질로 이루어져 있습니다. 이바라키 대학의 쿠마자와 노리유키 박사에게 인지질의 이중막으로 둘러 싸인 리포솜liposome에 당이 미치는 영향에 대해 조사를 부탁하는 한편, 인지질 분자가 한 겹만 존재하는 '단분자막'에 대한 당의 작 용에 대해 히로시마대학의 나카다 사토시 박사에게 조사해 달라 고 부탁했습니다. 그 결과, 장벽 기능 회복을 촉진하는 프룩토오 스, 마노스는 리포솜을 안정화하고 단분자막을 튼튼하게(막의 압 력을 높임) 하는 효과가 있는 반면, 글루코스와 갈락토오스는 그 런 효과를 나타내지 않는다는 사실이 확인됐습니다. 왜 이런 일 이 일어나는지 알아내기 위해 나카다 박사는 NMR(핵자기공명) 스펙트럼 해석이라는 방법으로 인지질과 당 사이의 상호작용을 조사해 주었습니다. 그 결과 프룩토오스, 마노스는 인지질과 만나 여러 군데에서 '수소결합'이라 불리는 결합(-OH와 -H 사이에 생 김)을 맺으며 지질막을 안정화하거나 튼튼하게 만든다는 사실이 밝혀졌습니다.[70] 아마도 이것이 장벽 기능 회복 촉진에 공헌했으 리라 생각합니다.

피부는 설탕의 단맛을 느끼지 못할지도 모르지만, 포도당(글루 코스)과 마노스처럼 미세한 구조 차이밖에 없는 분자를 구별하는 것은 가능한 듯합니다.

산성, 즉 낮은 pH를 감지하는 수용체 TRPV1이 있기 때문에 케라티노사이트는 '신맛'을 감지할 수 있습니다.

'쓴맛'은 어렵네요. 쓴맛을 느끼게 하는 물질은 여러 종류가 있기 때문이지요. '감칠맛'이라면 '아지노모토(일본판 '미원', 합성 글루타민산=MSG를 사용한 조미료의 시초 – 옮긴이)'의 글루타민산 수용체가 케라티노사이트에 있는 것을 저희 팀이 발견한 바 있습니다.[71]

그럼 마지막으로 피부의 후각에 대해 생각해 볼까요?

케라티노사이트에만 존재하는 TRPV3는 타임, 정향, 오레가노 등 여러 종류의 허브에 포함된 향기 성분에 작동하는 것이 알려져 있습니다.[72] 정향으로 마사지하는 아로마테라피 요법은 코로 맡는 후각에 의한 효과도 있겠지만, 피부에 직접 작용할 가능성도 있습니다.

이 외에도 각종 향료 분자에 작동하는 것들이 피부에 있는 듯합니다. 수서동물(물에 사는 동물)에게는 몸 표면에 맛이나 냄새를 품은 분자에 반응하는 수용체가 있으리라 보입니다. 물속은 쉽게 혼탁해지기 때문에 시각 정보는 쓸모없는 경우가 많습니다. 이럴

때 분자에 의한 정보는 상당히 도움이 되겠지요. 상처 입은 물고기의 피 냄새를 맡고 상어가 몰려드는 것이 그 예입니다.

육상에서도 곤충 등은 페로몬이라는 후각 분자로 이성을 끌어당기곤 합니다. 하지만 뭍에서 사는 척추동물은 원래 존재했던 몸 표면의 후각 수용체가 더 이상 기능하지 않게 된 경우도 있을 것으로 보입니다. 앞에서도 이야기했습니다만, 예를 들어 OR2η4라는 후각 수용체는 올챙이 시절에는 몸 표면에 존재하다가, 개구리가 되면 소멸됩니다. 이런 현상은 척추동물이 뭍에서 사는 동물이 됐을 무렵, 지금껏 가지고 있던 후각 수용체를 잃는 과정을 겪었다는 것을 시사합니다.[73]

그런데, 몇 번이고 같은 소리를 되풀이하고 있습니다만, 육상 포유류 중 극히 드물게 '드러난 피부'를 가지고 있는 인류의 경우에는 예전에 가지고 있던 몸 표면의 후각 수용체가 그 기능을 부활시켰을 가능성이 있습니다.

백단이라는 향나무가 있습니다. 향도香道, 향을 피워 그 냄새를 즐기는 연회 등에서도 즐겨 쓰입니다. 최근 독일 연구팀이 백단의 향기 분자에 작동하는 수용체가 케라티노사이트에 존재하고, 이 수용체를 작동시키면 상처의 회복이 빨라진다는 사실을 발견했습니다.[74] 여담입니다만, 이 논문이 게재됐던 학술지로부터 "이 논문에 대한 비평 논문을 써 주시길 부탁드린다"는 의뢰를 받았습니다. 전 해외의 피부 과학 연구자들 사이에서 '케라티노사이트에 존재하는 수용체를 이것저것 발견해 가는 이상한 연구자'로서 어느 정도 지명도가 있는 것 같더군요.[75]

제4부

피부와
마음

피부는 '예지한다'

피부 표면의 전기 상태는 앞에서도 이야기했듯이 표피 속 칼슘 이온 등의 움직임에 따라 변합니다. 저희는 케라티노사이트에 신경으로부터 방출되는 물질이나 스트레스에 관련되는 호르몬에 의해 동작하는 분자 장치 – 수용체가 존재하기 때문에, 심리적인 변화가 일어나면 뇌나 말초신경으로부터 분비되는 물질로 피부 표면의 전기 상태가 바뀌는 것을 증명했습니다.[76]

피부 표면 전위는 심리적인 변화뿐만이 아니라 하루 동안 주기적으로 변하는 혈액 속의 호르몬 수치나 성 주기에 의해서도 바

꿉니다. 그뿐만이 아니라 피부 상태는 본인이 의식하기 전의 심리적 변화까지 반영하는 것 같습니다.

대뇌 생리학자인 안토니오 다마지오 박사는 앞으로 소개할 실험을 통해 인간이 '의식'하기 전에 피부의 전기 저항이 변화하는 것을 발견했습니다.

10명의 피험자에게 각각 단순한 카드 게임을 하게 했습니다. 이 게임에서 쓰는 카드 중에는 리스크를 안고 있는 것이 있습니다. 피험자는 리스크가 생기는 카드가 어느 것인지 모릅니다. 하지만 카드를 계속 고를수록 피험자는 규칙을 깨닫게 되고, 결국 리스크가 생기는 카드를 피하려고 합니다. 그런데 이 과정에서, 피험자가 리스크 규칙을 깨달았다고 '의식'하기 전에 피부의 전기 저항이 바뀌는 것입니다.

이 실험에서는 피험자에게 먼저 2000달러(복제품)를 지급합니다. 그리고 A, B, C, D로 나눠진 네 무더기의 카드에서 각각 카드 한 장씩을 뒤집게 합니다. 전부 100장을 뒤집으면 게임이 끝납니다. 처음에는 A나 B에서 뒤집은 카드에 100달러, C나 D에서 뒤집은 카드에는 50달러를 받을 수 있다고 쓰여 있습니다. 그런데 10장 정도 뒤집은 시점부터 돈을 지불하라고 쓰여진 카드가 등

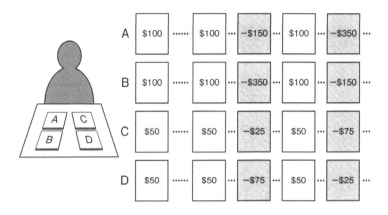

그림 11 **안토니오 다마지오 박사의 카드 게임 실험**

장하게 됩니다. 그것도 A, B에서 뒤집은 카드가 C, D에서 뒤집은 경우보다 지불하는 돈의 액수가 큽니다(A, B의 총액은 1250달러, C 와 D의 총액은 250달러). 즉 A, B를 뒤집을수록 위험 부담이 높아지는 거지요.(그림 11)

　피험자는 보통 80장 정도를 뒤집었을 무렵 A, B를 고르는 쪽이 더 위험하다는 사실을 깨닫습니다. 그리고 동시에 피부의 전기 저항 변화를 측정한 결과, 50장 정도를 뒤집은 시점부터 특히 위험 부담이 큰 A, B를 골랐을 때의 변화가 현저하게 보이기 시작합니다. 즉, 피험자가 'A, B를 뒤집으면 위험 부담이 커지는 듯

하다'고 깨닫기 (의식하기) 전에, 피부의 전기 저항 변화가 보이는 거죠.[77]

앞으로 이야기할 벤저민 리벳Benjamin Libet 박사의 '의식' 연구를 생각하면, 다마지오 박사의 실험 결과를 납득할 수 있습니다. 리벳 박사는 피험자에게 "언제든 괜찮으니 손목을 구부려 주세요. 그렇게 생각한 시각을 기억해 두었다가 나중에 이야기해 주세요"라고 시키고, 동시에 뇌의 전기 현상을 관측했습니다. 그 결과 '손목을 구부리려고 생각했다'고 피험자가 보고한 시각의 0.35초 전, 뇌에 전기적 변화가 일어나는 것을 발견했습니다. 즉, 의식보다 먼저 뇌에 전기적 변화가 발생한 겁니다. 다마지오 박사의 실험도 이런 메커니즘으로 설명할 수 있을 거라고 생각합니다. 아마도 게임의 규칙을 확실히 깨닫기 전에 의식으로는 나타나지 않은 변화가 뇌에 발생하고, 그것이 자율신경을 통해 피부의 전기 상태를 변화시킨 거겠죠.

이렇게 생각하면 그리 신기한 현상은 아니지만, 이 사실을 알게 된 피험자는 의식의 변화를 피부가 '예지'한 것처럼 생각할 수 있을 겁니다.

그건 그렇고, 피부 전기 저항은 '실제 예지' 실험에도 쓰였습니

놀라운 피부

다. 그 실험을 소개하기는 좀 망설여집니다. 전 '실제 예지', 다시 말해 완전히 우연하게, 전조도 없이 일어난 현상을 미리 예지한 다는 것을 믿을 수 없기 때문입니다.

언뜻 보기에 '예지'라고 생각되는 현상은 일어날 수 있다고 봅니다. 예를 들어 전 한밤중에 자고 있다가 지진이 일어나기 수 분, 수 초 전에 눈을 뜬 경험을 몇 번인가 한 적이 있습니다. 이 현상은 아마도 지진 전 지각이 서로 어긋나면서 발생하는 전자파가 제 무의식에 작용해 각성시킨 결과가 아닐까 하고 생각합니다. 다시 말해 의식하지는 못했지만, 무언가의 물리적 전조 현상이 발생해 무의식에 작용했다는 거지요.

기적이나 살기 같은 것도, 그 일부는 무의식에 작용하는 물리적 현상의 결과로 설명할 수 있을 겁니다.

그렇지만 난처하게도(?) 컴퓨터를 이용해 무작위로 일으킨 현상에 대해, 현상이 발생하기 전에 피부 전위 변화가 일어났다는 보고가 있습니다. 그야말로 '초능력'입니다. 이런 내용의 논문을 읽어 봐도 예를 들어 미지의 양자역학적 현상의 존재를 슬그머니 드러내는 등, 메커니즘에 대해서 정확히 기술해 놓지는 않았습니다. 전 이런 연구 결과는 믿기 어렵다고 미리 말씀드리면서 일단 논문 하나를 소개해 보겠습니다. 이 논문에서는 헤드폰을 낀 피험자에게 무작위로 1초간 큰 소리를 들려주면서 피부 표면의 전기 저항을 측정했습니다. 필자에 따르면 소리가 나기 3초 전에 피부 전기 저항에 변화가 일어났다고 합니다.[78] 이 논문에는 비슷한 연구 결과도 열거되어 있습니다. 흥미가 있는 분은 한번 읽어 보세요.

~~~~~~~~~   **피부는 '생각한다'**

'생각한다'는 건 생리학적으로 풀이하면 어떤 현상일까요?

앞에서 말한 다마지오 박사는 가상 실험으로써, 뇌만 꺼내어 배양액 안에서 계속 키우는 게 가능하다고 해도 그 상태의 뇌는 아무 의식도 사고도 하지 못할 것이라 주장했습니다. 박사에 따르면 뇌가 신체의 감각기, 그리고 여러 장기와 상호작용을 하면서부터 의식과 감정이 생겨나고 비로소 사고가 가능해진다는 겁니다. 그 중에서도 개체와 환경의 경계를 담당하는 피부가 감정

이나 의식에 미치는 영향이 매우 크다고 지적하고 있습니다.[*]

이 주장대로라면 뇌가 단독으로 '생각'하는 것이 불가능한 이상, 피부 역시 단독으로 '생각'할 수 없을 겁니다.

하지만 잠시 '생각한다'라는 단어의 정의를 넓게 잡아 보죠. 뇌에 다양한 정보가 모인 뒤 이를 기반으로 정보처리를 행하고 어떤 결정을 내려 그에 따라 전신에 살아가기 위해 필요한 지시를 내리는 일련의 과정을 '생각한다'고 정의한다면, 세포 레벨에서도 '생각한다'는 현상을 논할 수 있습니다. 이런 정의를 바탕으로 '피부는 생각할 수 있을 것인가'를 고찰해 볼 예정입니다.

뇌는 신경계의 중핵이면서, 전신에 뻗은 말초신경계를 거느리고 있습니다. 어느 것이든 기본이 되는 세포 레벨의 상태는 '흥분'과 '억제'라 불리는 신경세포의 전기 상태입니다. 세포막의 전위 상태에 두 가지가 있고, 이것이 신경계의 기본입니다.

보통 때 세포막의 안쪽은 바깥쪽에 비해 음(-)의 전위를 가지고 있습니다. 흥분이라는 건 세포 바깥으로부터 칼슘, 나트륨 등 양(+)의 전하를 가진 이온이 세포 안으로 들어오거나, 또는 세포

---

* 『생존하는 뇌, 마음과 뇌와 신체의 신비』, 앞과 동일

막에 있는 칼슘 이온 저장고로부터 칼슘 이온이 세포 안으로 방출되어 세포막 안쪽의 음의 전위가 소멸되고 세포막 안팎의 전위 차가 사라지는 것을 말합니다.

반면 억제는 음의 전하를 가진 염소 이온이 세포 바깥으로부터 안으로 들어오거나, 양의 전하를 가진 칼슘 이온이 세포 안으로부터 바깥으로 방출되어 다시 한 번 세포막 안쪽이 바깥에 비해 음의 전위를 가지게 되는 것입니다.

뇌에서도 신경세포에서도, 이 두 가지의 전기 현상을 반복하는 것은 수용체라고 불리는 단백질 무리입니다. 예를 들어 아세틸콜린, 니코틴, 아드레날린(에피네프린), 글루타민산, 아데노신3인산 ATP 등이 각각의 물질에만 반응하는 단백질, 즉 수용체와 만나면 설명한 것과 같이 이온의 움직임이 발생해 세포막 안의 음의 전위가 사라집니다. 다시 말해 이 수용체들은 흥분을 일으키는 수용체입니다.

반면 글리신이나 감마아미노낙산GABA 등의 물질도 각각 특이적으로 반응하는 단백질이 있습니다. 이 단백질이 작동하면 흥분했던 세포가 원래의 상태, 세포막 안이 음의 전위를 갖는 상태로 되돌아갑니다. 이 수용체들은 억제를 일으키는 수용체입니다.

놀라운 피부

도파민, 세로토닌, 멜라토닌이라는 물질의 이름을 본 적이 많을 겁니다만, 이 물질들도 각각이 특이적으로 반응하는 수용체가 있어 신경세포를 흥분시키거나 억제합니다.

저희는 우연한 기회로 이 수용체의 대부분이 피부의 케라티노사이트에도 존재하며, 신경계에 있는 수용체와 마찬가지로 케라티노사이트도 '흥분'과 '억제'라는 세포의 전기 상태를 일으키는 것을 발견했습니다.[79]

신경계에는 세포와 세포가 시냅스라는 구조로 연결되어 있습니다. 한 세포가 옆의 세포를 흥분시킬 땐, 흥분을 일으키는 물질, 예를 들어 아세틸콜린 등을 합성하고 시냅스를 통해 방출해 옆 세포의 아세틸콜린 수용체를 작동시키며 흥분으로 이끕니다. 옆의 세포를 억제할 경우에는 GABA 등을 시냅스를 통해 방출하고 옆 세포의 GABA 수용체를 활성화해 억제 상태를 일으킵니다. 뇌에는 세포들이 엄청나게 많은 시냅스로 연결되어 있기 때문에 세포들로 이루어진 복잡한 네트워크 속에서 복잡한 응답들이 이루어지고 있지만, 그 기본은 역시 세포의 두 가지 전기 상태입니다.

피부의 경우, 세포와 세포 사이의 전달은 시냅스가 아닌 간극

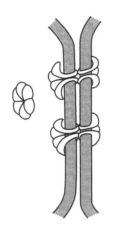

**그림12 피부 세포 사이의 간극
결합 단면 모식도**

결합(그림 12)이라는, 일종의 관으로 세포를 연결하는 구조를 통해 이루어집니다. 흥분한 케라티노사이트가, 예를 들어 ATP를 방출하면 이것이 옆 세포의 ATP 수용체를 작동시켜 흥분 상태로 이끄는 거지요.[80]

다시 말해 뇌 등의 신경세포도, 케라티노사이트도 흥분과 억제라는 두 가지의 전기 상태를 가지고 있으며 이 상태를 일으키는 흥분 수용체, 억제 수용체도 대부분 동일합니다. 세포와 세포 사이의 소통 방법은 다르지만, 한 세포가 흥분하면 옆 세포를 흥분시켜 정보를 전달하는 점에서는 비슷한 시스템이라고 말할 수 있습니다.

뇌에서는 어떤 것을 지각하거나 또는 언어활동 등을 행할 때 각각 특정한 영역의 혈류량이 증가합니다. 즉, 뇌에서의 의식이나 사고는 뇌 안에서 시간과 함께 바뀌는 공간적 변화, 시공간적 변화라고 할 수 있습니다.

한편 '감각' 파트에서 이야기했던 것처럼, 단순히 배양 접시 위에 놓인 케라티노사이트 집단 속에서도 시공간적인 패턴이 나타납니다.[81, 82] 아마 인간의 표피 속에서도 환경, 또는 말단신경으로부터의 자극에 의해 복잡한 패턴이 형성될 겁니다. 이것도 '감각' 파트에서 썼듯이, 피부가 닿은 물체의 형태를 인식, 바꿔 말하면 '생각한다'는 것에 연결되어 있을 가능성이 있습니다.

뇌의 기능은 생각한 후 전신의 상태를 환경에 맞춰 통제하기 위해 정보를 보내는 것입니다.

예를 들어 정신적인 스트레스를 느낄 때, 뇌는 신장 위에 있는 부신이라는 조직에 '코르티솔cortisol이라는 호르몬을 만들어 혈관으로 방출해라'는 지시를 내립니다. 코르티솔은 혈당치를 높이거나 염증 반응을 억제해 위기 상태에 있는 신체의 에너지 소비를 막는 역할을 합니다. 반면 혈중 코르티솔 농도가 높은 상태가 이어지면, 즉 스트레스 상태가 길어지면 코르티솔이 대뇌의 기억과 학습을 담당하는 부위인 해마에 손상을 입혀 우울증이나 심적 외상 후 스트레스 장애PTSD가 일어날 수 있습니다.[83, 84] 장기간의 정신적 스트레스가 이런 정신 질환을 일으키는 구조에 코르티솔이 깊이 관련되어 있는 거지요.

한편, 피부 과학의 임상 현장 연구자들로부터 아토피성 피부염 환자에게는 불안증이나 우울증이 일반인보다 높은 비율로 일어 난다는 사실이 보고된 바 있습니다.[85, 86] 저희는 지금까지 말해 온 것처럼, 뇌 세포와 케라티노사이트가 세포 단위로 비교하면 비슷하다는 생각을 품고 있었습니다. 아토피성 피부염은 장벽 기능이 저하되고 피부가 소위 스트레스를 받는 상태입니다. 혹시 표피 케라티노사이트도 스트레스를 받으면 코르티솔을 합성해 방출하는 것이 아닌가, 그리고 그것이 아토피성 피부염 환자의 우울 증 등의 원인이 되는 것은 아닌가 하고 생각하기 시작했습니다.

그래서 타케이 겐타로武井兼太郎 박사를 중심으로, 배양 피부를 고습도 조건(습도 100%)과 건조 조건(습도 10% 이하)에 48시간 동안 방치하고, 배양액의 코르티솔 농도와 표피 속의 코르티솔을 합성하는 효소 유전자량의 변화를 조사해 보았습니다. 그 결과 건조 조건에 있던 배양 피부는 코르티솔 합성 효소의 유전자량도, 배양액의 코르티솔 농도도 크게 증가해 있는 것을 확인할수 있었습니다. 반면, 건조 조건하의 배양 피부 표면을 플라스틱막으로 덮어 보호하면 변화를 막을 수 있다는 사실도 확인했습니다.[87] 역시 피부도 '건조'라는 스트레스를 받으면 코르티솔을 합성해 방출하는 겁니다.

이 실험에 사용한 배양 피부는 지름 2㎝ 정도였습니다. 등 전체의 면적으로 가정하면, 건조 조건일 때 표피로부터 방출되는 코르티솔의 양은 정신적 스트레스를 받았을 때 혈중 코르티솔 양에 변화를 일으키는 것과 같은 수준인 것도 확인했습니다. 따라서 아토피성 피부염 등으로 등 피부의 장벽 기능이 저하되면 피부로부터 방출될지도 모르는 코르티솔의 양은 정신적 스트레스로 우울증 등을 일으키는 코르티솔과 같은 수준이라고 말할 수 있습니다.

뇌가 합성해서 방출한다고 생각되는 또 하나의 호르몬이 표피 케라티노사이트에서도 합성된다는 사실을 덴다 스미코傳多澄美子 박사가 발견했습니다. 옥시토신oxytocin이라는 호르몬입니다.[88] 이 호르몬 자체는 예로부터 알려져 있었습니다. 예를 들어 아기가 엄마의 유두를 빨면, 그 자극으로 하수체후엽(뇌에서 조금 아래쪽에 있는 하수체 부위의 뒤편 위쪽)으로부터 옥시토신이 방출되고 모유를 만드는 유선세포를 자극해 모유가 나옵니다. 또 진통촉진제라고 해서 출산 시 자궁을 수축시키는 약이 있는데요, 이 약이 바로 옥시토신입니다.

그런데 21세기에 들어 옥시토신이 포유류의 사회성 등에도 관계가 있다는 것이 차례차례 보고되고 있습니다.

유럽과 미국 등지에서는 이미 옥시토신을 코 안에 분무해 뇌에 닿게 하는 옥시토신 스프레이가 판매되고 있습니다. 취리히대학 연구팀은 일종의 '투자 게임'을 통해, 옥시토신을 코에 분무한 그룹과 그렇지 않은 그룹을 나눠 가상의 사업에 얼마나 투자할지 판단하게 했습니다. 그 결과 옥시토신을 코 속에 뿌린 피험자는 보다 많은 투자를 하는 경향을 보였습니다. 실험을 이끈 연구자는 이 결과를 통해 옥시토신이 타인을 향한 신뢰를 높여 준다고 결론지었습니다.[89]

동물 실험에서는 유전자 조작을 통해 옥시토신에 의해 작동하는 단백질(수용체)을 없앤 쥐는 다른 쥐에 비해 공격성이 강하고, 아이를 낳고도 돌보지 않게 됐다는 연구 결과가 있습니다.[90] 옥시토신은 타인과의 신뢰 관계, 사회성 유지에 역할을 하고 있는 것 같습니다. 옥시토신을 투여하면 자폐증이나 아스퍼거 증후군 Aspergers syndrome, 발달 장애의 한 종류로, 언어 장애가 동반되지 않은 소통 장애가 주요 증상의 증상이 개선된다는 연구 결과도 있습니다.[91]

혈중 옥시토신 양은 체표를 자극하면 늘어나는 것 같습니다.[92] 마사지 등으로 기분이 편안해지는 건 이 때문일지도 모릅니다.

놀라운 피부

단, 이 옥시토신이 피부 자극이 뇌로 전달되어 뇌가 합성한 것인지, 아니면 피부가 자극을 받아 표피에서 합성한 것인지는 알 수 없습니다. 그렇지만 마사지가 우울증 등의 정신 질환에 효과가 있다는 것을 생각해 보면, 표피 옥시토신의 존재도 고려해 봐야 합니다.

조금 길어졌네요. 여기서 정리하겠습니다.

표피 케라티노사이트도 대뇌의 정보처리 구조의 기본이 되는 '흥분'과 '억제'라는 두 가지 전기 상태와 이 상태의 스위치라 해도 과언이 아닌 수용체 무리를 대뇌 세포와 같은 수준으로 가지고 있습니다. 뇌로 어떤 것을 지각하거나 생각할 때는 특정한 부분의 세포 집단이 활성되는데, 이런 세포군의 응답이 케라티노사이트 집단에서도 확인됩니다.

또한 대뇌가 신체에서 하는 역할은 환경에 맞춰 신체를 보다 나은 상태로 만들기 위해 호르몬으로 대표되는 물질을 합성하거나 다른 장기(부신 등)에 합성을 지시하는 과정을 포함합니다. 표피 케라티노사이트도 호르몬 중에서 코르티솔과 옥시토신을 합성, 방출한다는 사실을 저희 팀이 발견했습니다. 또 이 밖에도, 예를 들어 스트레스 반응에 관련 있는 호르몬들을 합성한다는 연구

결과를 다른 연구자들이 발표한 바 있습니다.[93]

처음에 내린 '생각한다'의 정의, 즉 외부로부터 정보를 받아들여 이를 바탕으로 정보처리를 행하고 전신에 살아가기 위해 필요한 지시를 내린다는 것을 '생각한다'고 한다면, 피부도 '생각한다'고 말할 수 있을 듯합니다.

기억하는 피부

앞에서 피부, 특히 표피의 장벽 기능 기구는 자신을 관찰하며 손상을 입을 경우 스스로 회복한다고 이야기했습니다. 이 건은 급속한 변화에 대한 반응이지만, 각질층은 천천히 그러나 오랫동안 이어지는 환경 변화에도 구조를 변화시키며 적응합니다.

예를 들어 굳은살은 압력, 마찰이 오랫동안 반복되면 이로부터 피부 내부를 지키기 위해 각질층이 두껍게 변한 것입니다. 이런 현상이 신기하지는 않습니다. 1~2회, 또는 10회 정도 펜이나 연필로 원고를 써도 굳은살은 생기지 않습니다. 하지만 입시 공부 등으로 계속 연필을 사용하면 오른손잡이인 저의 경우, 오른

손 중지 왼쪽의 각질층이 두꺼워졌습니다. 그런데 워드프로세서가 보급되면서 연필을 쓸 기회가 줄어든 지금은 굳은살이 사라졌습니다. 안타깝게도, 전 현재로서는 이 메커니즘을 모릅니다. 하지만 분명, 표피 케라티노사이트가 자극의 빈도나 기간을 기억한다고 상정하지 않으면 왜 굳은살이 생기는지 설명할 수 없습니다.

환경 습도의 변화에도 각질층은 적응합니다. 이건 저희가 여러 실험으로 증명했습니다.

예를 들어 1~2주간 습도가 10% 이하인 상태에 피부가 계속 노출되면, 각질층이 두꺼워지는 한편 장벽 기능을 담당하는 세포막 지질의 양도 늘고 장벽 기능이 파괴된 뒤의 회복 속도도 빨라집니다.[94]

반면 높은 습도, 90% 이상의 환경에 1~2주간 피부가 노출되면 각질층은 얇아지고 각화 세포 속에서 수분을 유지하기 위한 아미노산의 원료인 필라그린filaggrin이라는 단백질의 양도 줄어들게 됩니다.[95]

습도가 높은 환경에서는 수분 증산을 막는 각질층 기능의 중요성이 떨어지기 때문에 피부의 각질층 유지 기능이 '게으름'을 피우는 것 같습니다. 이 '게으른' 상태의 피부를 갑자기 습도 10% 이하의 건조한 환경에 노출해도 일시적으로 장벽 기능의 저하가 발생했습니다.[96]

우리의 표피는 자연계에서 천천히 일어나는 습도 변화에는 적응할 수 있지만, 급속한 습도 변화는 따라잡지 못하는 겁니다. 이 현상도 표피 케라티노사이트가 '꽤 오랫동안(1주 이상) 습도가 낮네(또는 높네)'라는 기억 시스템을 가지고 있지 않으면 설명하기 어렵습니다.

세계적으로 아토피성 피부염 환자의 수가 늘고 있습니다. 특히 선진국에서 경향이 현저하게 나타납니다. 이유에 대해서 여러 가지 가설이 나오고 있지만 도시화, 그리고 건물의 구조 변화, 에어컨의 보급 등도 원인 중 하나라고 생각합니다.

흙과 나무로 덮인 땅에 비가 내릴 경우에는 비가 개고 햇볕이 내리쬐어도 흙이나 나무로부터 수분이 증산되기 때문에 급속한 습도 변화가 일어나지 않습니다. 하지만 땅을 아스팔트와 콘크리트로 덮어 가리면 내린 비가 바로 흘러가 버리기 때문에, 비가 갠 뒤에 습도가 갑자기 내려가게 되지요. 특히 일본은 알루미늄 섀시의 보급 등에 의해 건물 밀폐도가 높아졌습니다. 그리고 에어

컨의 성능이 좋아지면서 여름철에도 실내는 저습도 상태를 유지하는 반면 겨울철에는 가습기를 틀기 때문에 실내의 습도가 높아집니다. 이런 상태에서 외출과 귀가를 반복하면 할수록 표피는 자연계에서는 일어나지 않는 급속한 습도 변화에 노출됩니다.

북구 등에서는 바깥으로부터 밀폐된 집이 생존에 꼭 필요할 겁니다. 하지만 여름은 고온다습, 겨울은 저온건조한 일본에서는 예로부터 밀폐도가 낮은 집을 주로 지어 왔습니다. 일본의 자연환경에 대해 우선 피부가 적응하기 쉽도록 수천 년에 걸쳐 선택된 결과물일 겁니다. 하지만 밀폐도가 높은 건물은 일본의 자연환경에 적응해 온 피부를 긴 역사 동안 한 번도 경험하지 못한 극적인 습도 변화에 노출시켜 버리고 말았습니다.

전 지금이라도 집이나 사무실 등을 설계할 때는 전통적인 구조를 한번쯤 참고해야 한다고 생각합니다.

지금까지 인간의 피부에 대한 제 연구 역사에 관해 이야기했습니다. 인간의 피부가 단순한 경계가 아닌, 환경의 정보를 감지하고 어느 정도의 정보처리를 행하며 이를 기반으로 적절한 '지령'을 전신 그리고 마음에까지 내린다는 사실을 이해해 주셨으리라 생각합니다. 우리는 의식하지 못하지만, 이 정도의 기능을 가진 피부

는 인간이라는 생물의 여러 면에 영향을 미치고 있으리라 생각합
니다.

감촉으로 변하는 인간관계

피부에의 자극, 감촉, 어떤 것을 들었을 때의 무게, 또는 따뜻함
과 차가움 등은 인간의 마음, 예를 들어 사물의 판단이나 이미지
에 영향을 끼친다는 심리학 연구 결과가 여러 건 발표된 바 있습
니다.

먼저 '까칠까칠', '매끌매끌'한 감촉이 인간관계의 이미지에 끼
치는 영향에 대한 실험입니다.

인간관계, 또는 인간의 성격 등에 대해 '거칠다, 까칠하다, 매끄
럽다'같이 감촉과 공통되는 표현이 쓰일 경우가 있습니다. 우리
가 인간에 대해 감각적인 관점으로 판단한다는 증거로 보입니다.
이것을 실험으로 증명한 예가 있습니다. '까칠까칠'한 감각 체험
을 한 뒤에는 인간관계에 대한 평가도 '까칠까칠'하다고 느끼는
경향이 있다는 것입니다.

놀라운 피부

통행인 64명에게 사포로 문질러 까칠까칠하게 만든 퍼즐 5장, 또는 같은 형태의 매끈매끈한 퍼즐을 주고 완성하게 했습니다. 그리고 애매하게 적힌 사회관계 관련 문장을 읽고 이 관계가 적대적인지 우호적인지, 경쟁적인지 협동적인지, 대화인지 논쟁인지, 자신이 받은 인상을 답하게 했습니다. 그 결과 까칠까칠한 퍼즐을 맞춘 사람들 중 이 관계가 협조적이지 않다고 느낀 비율이 매끌매끌한 퍼즐을 맞춘 사람들보다 높았습니다. 다시 말해 까칠까칠한 거친 감각은 사회관계에 대해서도 '까칠하다, 거칠다'고 느끼게 하는 경향이 있는 거지요.

또한 '까칠까칠'한 감각 체험은 사람의 성격을 개인주의적이면서도 동시에 공리적인 것으로 만드는 것 같습니다.

통행인 42명에게 앞 실험과 같은 퍼즐을 완성하게 하고, 50달러가 당첨될 수 있는 복권이라며 티켓 10장을 주었습니다. 그리고 실제는 존재하지 않는 참가자에게 0~10장을 줄 수 있다는 가정 하에, 만약 (가공의) 참가자 2명이 그것을 받아들이면 복권은 유효하지만 참가자 2명이 거절하면 모든 복권이 무효가 된다고 설명했습니다. 그 결과 까칠까칠한 퍼즐을 맞춘 사람들 쪽이 보다 많은 티켓을 가공의 참가자에게 주는 경향이 나타났습니다.

그런데 참가자에게 본인이 습관적으로 협조적인지, 개인주의적인지, 경쟁적인지, 그 중 어느 것도 아닌지 테스트한 결과 매끌매끌한 퍼즐을 맞춘 사람의 70.6%가 협조적인 반면, 까칠까칠한 퍼즐을 맞춘 사람의 75%가 개인주의적인 것으로 나타났습니다. 따라서 까칠까칠한 퍼즐 팀이 보다 많은 티켓을 다른 사람에게 준 이유는 다른 이를 생각해서가 아니라 티켓을 무효로 만들지 않기 위해서였기 때문으로 생각됩니다.

따라서 '까칠한' 체험이 반드시 부정적인 행동으로 연결된다고는 말하기 어려운 것 같습니다.[97]

'딱딱한', '부드러운'이라는 표현도 인간의 성격이나 인간관계에서 사용됩니다. 이런 표현 역시 해당 감각이 인간, 인간관계의 이미지에 영향을 미친다는 실험 결과가 있습니다. 손으로 '딱딱한' 감각 체험을 한 사람은 다른 사람의 성격도 '딱딱하다'고 판단한다는 겁니다.

통행인 49명에게 부드러운 담요의 조각이나 발사목으로 만든 블록을 만지게 했습니다. 각각의 무게는 같습니다. 그 뒤 가공의 상사와 부하의 관계를 적은 문장을 읽게 하고, 이 가공의 인물들에게 긍정적(친절하다 등), 부정적(딱딱하다, 엄격하다, 완고하다) 표현

놀라운 피부

중 어느 편이 어울리는지 판단하게 했습니다. 그 결과 나무 블록을 만진 사람은 부하 쪽을 '딱딱하다, 엄격하다'고 평가했습니다.

엉덩이로 '딱딱한' 감각 체험을 해도 다른 사람을 '딱딱하다'고 생각하는 한편, 어떤 것에 대한 판단을 내릴 때 최초의 인상이 그대로 '고정되는' 경향이 나타나는 것 같습니다.

참가자 86명을 딱딱한 나무 의자와 부드러운 쿠션 의자 둘 중 하나에 앉게 합니다. 그리고 앞에서 말한 것과 같은, 가공의 부하와 상사의 관계에 대해 쓰인 문장을 읽게 하면 딱딱한 의자에 앉았던 사람은 부하를 '안정됐다, 감정적이 아니다, 하지만 전체적으로 호의적은 아니다'라고 판단했습니다.

다음으로 1만 6500달러짜리 신차를 구입한다고 가정하고, 딜러와의 가격 흥정을 생각해 보라고 주문했습니다. 그 결과 딱딱한 의자에 앉았던 사람은 제시된 가격에 대해 보다 적은 할인을 요구했습니다. 다시 말해 최초에 제시된 가격을 바꾸려 하는 의지가 매우 약해진 거지요.[97] 처음 만난 사람을 딱딱한 의자에 앉히면 당신은 '딱딱한 인간'이라고 생각될지도 모릅니다. 반면 자동차 등의 판매 담당자는 고객을 딱딱한 의자에 앉히는 쪽이 할인을 요구받는 경우가 줄어드니 이득일지도 모릅니다.

물건의 무게 감각도 촉각의 일종이라고 생각할 수 있습니다. 무언가를 들었을 때의 '무겁다', '가볍다'는 표현도 인격, 사회적 가치 등에 쓰이는 표현입니다. 역시 실험으로 '무게'가 판단이나 이미지 형성에 영향을 미친다는 사실이 증명된 바 있습니다. '무거운' 감각을 경험한 뒤에는 다른 사람의 인격도 '무게 있다'고 판단한다는 겁니다.

통행인 54명에게 이력서를 주고 구직자에 대해 판단해 달라고 합니다. 이때 한 그룹은 가벼운 이력서(340.2g), 또다른 그룹에게는 무거운 이력서(2041.2g)를 줍니다. 그 결과, 무거운 이력서를 받은 사람은 대체로 구직자에 대해 좋은 평가를 내리는 경향이 나타났습니다. 특히 직종에 대해 보다 절실한 흥미를 가지고 있다고 느낀 듯했습니다. 또 그 사람이 임무의 정확함을 보다 중요하게 생각하고 있다고 평가했습니다. 반면 '무거운 이력서를 낸 구직자'는 동료와 잘 지내지 못할 것 같다는 판단을 받았습니다.

이력서는 두꺼운 쪽이 구직 활동에 유리할지도 모르겠습니다. 다만 사교성이 중요한 직종에서는 역효과가 날지도요.

다음으로, 통행인 43명에게 '사회적 행위의 조사'라고 말하고 가벼운 클립보드(435.6g) 또는 무거운 클립보드(1559.2g)를 들게

한 뒤 사회적으로 중요한 공적인 문제(예를 들어 대기오염 등)에 대해 정부가 기금을 더 많이 쓰는 쪽이 좋을 것인가, 적게 쓰는 게 좋을 것인가에 대해 질문했습니다. 이 실험에서는 흥미롭게도 성별에 따른 차이가 나타났습니다. 무거운 클립보드를 든 남성은 사회적 문제에 좀 더 기금을 써야 한다고 대답한 반면, 여성은 클립보드의 무게에 따른 경향 차이를 보이지 않았습니다.[97] 이 실험에 한정지어 말하자면, 남성 쪽이 좀 더 무게 감각에 따라 판단이 좌지우지되는 경향이 있는 것 같습니다.

마지막으로, 이건 유명한 실험이라 알고 계시는 분도 많을 것 같습니다만, 온도 감각 즉 '뜨겁다', '따뜻하다', '차갑다'에 대한 실험을 소개합니다. 이 단어들 역시 인격을 표현할 때도 사용되죠. 온도 감각도 마찬가지로 다른 사람에 대한 이미지 형성, 또는 본인에 대한 판단에 영향을 미칩니다.

'뜨거운', '따뜻한' 온도 체험은 다른 사람의 평가, 자신에 대한 판단을 '따뜻하다' 쪽으로 이끄는 경향이 있는 반면 '차가운' 온도를 체험하면 다른 사람을 '차갑다'고 평가하고 자신의 행동도 '차갑다'고 생각하게 되는 것 같습니다.

피험자에게 뜨거운 커피잔 또는 차가운 커피잔을 들게 합니다.

그 뒤 가공의 인물에 대한 특징을 적은 문장을 읽게 합니다. 그리고 "이 사람은 따뜻한 사람인가요, 차가운 사람인가요?"라고 물어 보면, 뜨거운 잔을 든 피험자는 "이 사람은 따뜻한 사람입니다"라고 답하는 반면 차가운 잔을 든 피험자는 "이 사람은 차가운 사람입니다"라고 평가하는 경향이 나타나는 것으로 밝혀졌습니다.

다음으로 피험자에게 따뜻한 동물, 또는 차가운 동물을 안게 합니다. 그 뒤 사례로 1달러짜리 청량음료나 쿠폰을 자신을 위해서나 친구를 위해서 받게 했습니다. 그 결과 따뜻한 동물을 만진 피험자는 친구를 위해 사례를 받는 비율이 높았던 반면, 차가운 동물에 닿았던 피험자는 자신을 위해 받는 비율이 높다는 결과가 나왔습니다.[98]

이런 실험 결과는 우리가 감촉, 굳기, 촉감, 무게, 온도 등의 감각을 경험함으로써 자신이 의식하지 못하는 사이 다른 사람의 이미지, 자신의 판단에 영향을 받고 있다는 사실을 보여 줍니다.

왜 이런 경향이 나타나는 것일까요? 전 사람이 태어난 직후부터 촉각으로 환경과 세계를 파악했던 흔적이 남은 탓은 아닐까 하고 생각합니다.

교토대학의 묘와 세이코明和政子 박사는 신생아(생후 1개월까지)

놀라운 피부

의 뇌 기능을 조사하기 위해 신생아의 머리 전체를 덮는 탐사침을 만들고, '근적외분광분석법近赤外分光分析法'이라는 방법으로 신생아의 뇌가 외부 자극에 대해 어떤 반응을 보이는지를 조사했습니다. 뇌의 어떤 부위가 활성되면, 혈중 헤모글로빈(적혈구의 산소 결합 부위)과 산소의 결합량이 늘어납니다. 뇌의 활성화에 산소가 필요하기 때문입니다. 산소가 결합한 헤모글로빈은 더 붉어집니다. 이것을 물질(이 경우, 두개골)을 투과하기 쉬운 근적외선으로 관찰하는 방법이 바로 근적외분광분석법입니다.

먼저 촉각 자극으로써 신생아의 양 손바닥에 진동 모터를 얹고 진동 자극을 주었습니다. 또 청각은 피아노, 소음, 말을 거는 여성의 목소리를 스피커를 통해 들려주며 확인했습니다. 시각 자극으로는 손전등 빛을 사용했습니다. 그 결과 촉각 자극을 받았을 때 가장 넓은 영역(측두부부터 정수리까지)에서 산소와 결합한 헤모글로빈의 양이 늘어났습니다. 바꿔 말하면, 이 부분이 활성화됐다는 겁니다. 청각 자극을 받았을 때는 측두부의 한정된 영역이 활성화됐고, 시각 자극에 대해서는 후두부와 측두부의 한정된 영역에 활성화가 일어났습니다.

성인은 촉각 자극을 받아도 '체성감각야体性感覚野'라고 불리는 정수리의 한정된 장소에서 자극을 받는 쪽의 반대쪽만 활성화됩니다. 하지만 신생아의 경우, 한쪽 손에만 자극을 줘도 정수리의 양쪽, 그리고 측두부까지 활성화가 일어났습니다.

이 결과는 신생아에게 있어 촉각 자극이 아마도 뇌의 발달에 가장 중요한 역할을 하는 자극이라는 것을 시사합니다.[99]

신생아는 타고난 뇌의 대부분을 촉각 인식용으로만 사용하며 촉각에 의해 세계를 배워 갑니다. 그 후 촉각으로 배운 세계와 시각이나 청각이 주는 정보 사이의 관계를 연결하는 경험을 늘려 가는 거겠죠. 아기가 뭐든 잡고 빠는 이유는 손가락이나 입 주변의 촉각으로 '본 것'과 '형태'의 관계를 만들어 가기 때문일 겁니다. 해가 없는 한도 내에서, 뭐든 잡고 빨게 해 줍시다.

특히 매끈매끈하고 부드러우며 따뜻한 엄마의 피부 기억은 성인이 된 뒤에도 다른 사람의 성격이나 사물을 판단하는 데 영향을 미칠지 모릅니다.

놀라운 피부

제5부

피부가
가져온
기능

지금까지 인간의 피부가 진화한 과정, 피부의 다양한 기능, 그리고 피부감각이 인간의 마음(감정, 의사, 판단 등)에도 영향을 미치는 예를 소개했습니다.

　인간은 다른 동물들에게는 없는 특성을 가지고 있습니다. '언어를 구사한다'와 '의사를 갖는다', 그리고 서두에서 말했듯이 '여러 가지 시스템을 만들어 낸다'는 겁니다. 전 이런 특성들도 인간의 피부가 기원이 되는 건 아닐까 하고 생각합니다. 지금부터 이 가설에 대해 이야기하려 합니다.

피부색으로 분간하는 인간의 마음

　인지과학의 연구자로 알려진 마크 챈기지Mark Changizi 박사, 캘리포니아공과대학의 시모조 신스케下條信輔 박사팀은 인간이 색을 분간하는 능력이 피부의 색 변화를 식별하기 위해 진화한 기능이라는 가설을 세웠습니다.[100]

　망막에서 색을 식별하는 단백질은 옵신이라고 불리는 종류입니다. 중남미에 사는 원숭이로, 원시 영장류라 불리는 안경원숭이의 경우 두 종류의 옵신이 있습니다. 짧은 파장(청색 – 파장 440nm 근처의 빛)을 느끼는 S옵신과 긴 파장(적색 – 파장 562nm 근처의 빛)을 느끼는 L옵신입니다. 반면 유라시아, 아프리카에 서식하는 고릴라나 침팬지 같은 유인원, 그리고 인간은 세 번째의 옵신이 있습니다. 파장이 535nm 부근인 녹색을 감지하는 M옵신이 그것이죠. 챈기지 박사팀에 따르면 M옵신이 있으면 '피부색'을 식별하기 쉽다는 겁니다. 구대륙의 원숭이, 유인원의 얼굴에는 털이 없습니다. 인간의 경우에는 체모조차 거의 없지요.

　챈기지 박사팀에 따르면 M옵신이 있을 경우, 피부의 혈류량(적혈구의 붉은 분자인 헤모글로빈의 양)이나 헤모글로빈이 산소를 운반하는 정도에 따른 피부의 색 변화를 식별하기 쉽다고 합니다. 헤모글로빈은 산소와 많이 결합할수록 더 붉어지고, 운반하는 산소의 양이 적으면 붉은색이 옅어집니다. 망막에 빛이 닿는 순간 망막이 분간한 빛의 양을 측정해 보면, L옵신과 M옵신이 있을 경우 혈류에 따른 피부의 색 차이, 헤모글로빈이 운반하고 있는 산소량에 따른 피부의 색 차이가 큰 차이를 보이는 겁니다.

'사람의 안색을 살핀다'는 표현이 있습니다만, 확실히 감정은 미묘한 '안색'으로 나타납니다. 화내는 사람, 흥분한 사람은 피부 안의 헤모글로빈이 운반하는 산소의 양이 늘어나 얼굴색이 붉어집니다. 반면 몸 상태가 좋지 않거나 공포를 느낄 경우에는 헤모글로빈이 운반하는 산소의 양이 적어지면서 안색이 창백해집니다.

아직 언어를 사용하지 못한 인류의 선조는 M옵신 덕분에 다른 사람의 감정을 분간할 수 있었을 겁니다. 피부의 미묘한 색 변화를 분간하는 일은 보다 적절한 사회관계를 맺는 과정에서 중요한 역할을 담당했음이 틀림없습니다.

하지만 그 뒤, 인간은 오히려 '안색'을 읽히지 않기 위한 노력을 해 왔다고 생각합니다. 옷이나 머리 모양, 장식품으로 지위나 의사를 표시하게 됐지요. 인류의 탄생지라 일컬어지는 아프리카

대지구대에 사는 사람들은 거의 헐벗고 살지만, 에티오피아 남부의 오모 협곡에 사는 스루마족의 사람들은 전신에 그림과 색을 칠합니다. 더 남쪽에 있는 케냐 중부의 샘블족은 구슬 등을 엮어 만든 독특한 장식품으로 사회적 지위를 표현한다고 알려져 있습니다.

사회구조가 복잡해지면, 오히려 '속마음'을 감추는 쪽이 이득인 경우가 늘어나지요. 이제 대부분의 나라에서는 많은 여성이 화장으로 안색을 감추고, 대기업의 임원 중에도 소위 말하는 '포커페이스'가 많은 것으로 보입니다. 종종 "넌 감정이 금방 얼굴에 드러나"라는 말을 듣는 저는, 오히려 '원시적'인 존재일지도 모르겠네요.

피부의 지역 다양성

피부의 색이 지역에 따라 다른 이유는 무엇일까요? 저위도 지역에서는 자외선의 양이 너무 많아서 피부암에 걸리기 쉽기 때문에, 멜라노사이트라는 세포가 만드는 멜라닌이 발달한 검은 피부를 가진 개체가 살아남았습니다. 하지만 자외선은 골격 형성에 꼭 필요한 비타민 D를 피부에 만들기 위해서 필요한 존재입니다. 이 때문에 자외선의 양이 적은 고위도 지역에서는 멜라닌이 적은, '투명할 정도로' 피부가 흰 개체가 생존했습니다. 그 결과 위도에 따라 피부색 분포의 차이가 생겨났지요. 이 설은 펜실베이니아주립대학의 니나 자블론스키Nina Jablonski 박사가 주장한 것입니다.[101] 런던 암연구소의 멜 그리브스Mel Greaves 박사도 저위도 지역에서 알비노(피부색이 선천적으로 옅은 사람)의 피부암 발병률이 실제로 높은 것을 보이며 이 설을 지지하고 있습니다.[102]

한편 엘리어스 박사팀은 피부의 장벽 기능, 보습 기능에도 위도에 따른 지역 차가 있다고 주장했습니다. 먼저 연구팀은 멜라노사이트가 장벽 기능 유지에도 중요한 역할을 한다는 사실을 밝혀냈습니다.[103] 장벽 기능을 유지하기 위해 일하는 피부 바깥층의 효소들은 산성 조건이 아니면 움직이지 않습니다. 이 때문에 건강한 피부 표면은 산성(pH5 정도)으로 유지됩니다.

엘리어스 박사팀은 검은 피부는 장벽 기능이 손상을 입은 뒤에도 빠르게 회복된다는 것을 지적했습니다. 그 이유는 멜라노사이트가 멜라닌뿐만 아니라 피부를 산성으로 유지하는 역할도 하고 있기 때문이라는 거지요.

인류가 체모를 잃은 것은 아프리카 대지구대, 저위도 지역에서입니다. 또 그들은 숲을 벗어나 건조한 환경으로 나선 것으로 보입니다. 체모를 잃은 인류는 자외선뿐만 아니라 건조도 막아 내야 했을 겁니다. 이 과정에서 멜라노사이트가 자외선을 막기 위해 멜라닌을 만들고, 피부를 산성으로 유지해 장벽 기능도 높였다는 것이 엘리어스 교수의 결론입니다.[104]

또한 엘리어스 박사는 각질층의 보습, 장벽 기능의 유지에 도움을 주는 한편 멜라닌과 다른 자외선 방위 기능을 가진 우로카닌산urocanic acid이라는 물질, 그 원료이기도 한 필라그린이라는 단백질의 유전자 변이에도 위도에 다른 지역 차가 있다는 사실을 지적했습니다.

예전에 아토피성 피부염의 원인인 유전자 변이가 발견됐다는 소식이 피부 과학계에서 화제가 된 적이 있습니다. 북구에 사는 아토피성 피부염 환자의 60%에게서 필라그린 유전자에 이상이 발견됐다는 겁니다. 그에 따르면 장벽 기능과 보습 기능을 가져다주는 필라그린 유전자에 일어난 이상, 아토피성 피부염에서 보이는 장벽 기능 저하, 건조한 피부 표면을 설명할 수 있습니다. 한

놀라운 피부

동안 많은 피부 과학자가 아토피성 피부염의 주요한 원인은 필라그린의 유전자 이상이라고 믿었습니다.

하지만 그 뒤, 세계의 아토피성 피부염 환자를 대상으로 필라그린 유전자 이상을 조사한 결과, 일본인 환자의 유전자 이상 비율은 27%, 중국인은 20%, 한국인은 겨우 6%에 불과하다는 사실이 밝혀졌습니다.

이 사실에 대해 엘리어스 박사는 고위도 지역에서는 자외선을 막는 데 우로카닌산이 크게 필요하지 않고, 필라그린 유전자 이상이 일어나도 개체는 살아남을 수 있지만 위도가 낮아질수록 우로카닌산의 필요성이 높아지기 때문에 필라그린 유전자 이상이 적은 개체가 살아남았다고 보고 있습니다. 즉, 아토피성 피부염의 원인도 지역에 따라 서로 다를 가능성이 있습니다.

~~~~~~~~~~   **피부감각이 언어를 만들었을 가능성**

의식은 언어로만 '말해지며' 인식된다고 생각하기 쉽습니다. 하지만 철학자인 비트겐슈타인Ludwig Wittgenstein이 시사했듯이,

'말로 표현되지 않는' 의식도 존재합니다. 어느 쪽이든 신체와 환경과의 상호작용으로부터 나옵니다. 이것을 연결하는 것은 시각, 청각, 미각, 후각, 촉각(신체 감각)뿐이라고 생각하기 쉽겠지만, 온도나 압력 등이 피부, 또는 몸속의 각종 기관에 직접 작용하거나 음식물이 소화기에서 처리, 흡수되는 과정 등도 의식에 영향을 주고 있는 것입니다.

'말로 표현되는' 의식은 대뇌 생리학자인 마이클 가자니가 Michael Gazzaniga 박사의 설을 수용한다면 좌뇌반구에서 언어를 이용해 능동적으로 만들어 내는 현상입니다. '말로 표현되는' 의식은 뇌가 없으면 존재할 수 없습니다. 반면 '말로 표현되지 않는' 의식은 신체와 환경과의 다양한 상호작용에 의해 만들어지며, 그중에는 뇌를 필요로 하지 않는 의식도 존재할 것으로 보입니다.

어느 쪽이든 언어의 기원은 역시 신체와 환경의 상호작용 속에 있다고 생각하는 것이 타당하겠지요.

특히 원시적인 언어에서는, 예를 들어 '크다' 또는 '작다'를 표현하기 위해 입을 '크게' 벌리거나 '작게' 오므리며 발음하거나 '멀다'를 표현할 때는 숨이 '멀리' 뻗어 가도록, '가깝다'를 표현할 때는 숨이 '가까이' 도달하도록 소리를 내지 않았을까 하고 생

놀라운 피부

각합니다. 즉 소리를 내는 코부터 입, 입술, 혀의 피부감각과 표현하고 싶은 사물의 생김새, 거리를 대응시켰다고 생각하는 거지요. 그 이전, 발성기관(코, 입, 입술, 혀)이 충분히 발달되기 전에는 몸을 움직이거나 손을 흔들어 '크다', '작다', '멀다', '가깝다'를 표현한 시기가 있었을 가능성도 시사된 바 있습니다. 오늘날 수화가 보여 주는 풍부한 표현력을 생각하면 충분히 상상할 수 있습니다. 연설에서 보이는 몸짓이나 손짓, 표정 변화는 발성 기관이 발달되기 전 커뮤니케이션의 흔적이 아닐까요?

독일 출신의 철학자 에른스트 카시러Ernst Cassirer 박사는 다양한 언어에 공통적으로 나타나는 경향으로서 모음 a, o, u는 먼 거리를, 모음 e, i는 거리의 가까움을 나타낸다고 지적했습니다. 또한 자음에서는 d, t, k, g, b, p가 먼 쪽을 나타내는 경우가 많은 반면 m, n은 가까운 장소를 나타낸다고 주장했습니다.* 전 입술의 운동이 이들 경향에 관련 있는 것이 아닐까 하고 생각하고 있습니다. a, o, u를 발음할 때 입술은 둥근 형태가 되고 숨은 앞쪽을

---

* 『심볼 형식의 철학 1(シンボル形式の哲学 1)』, 에른스트 카시러 지음, 이키마츠 케이조·키다 겐 옮김, 이와나미분코(한국어판:『상징형식의 철학: 제1부 언어』 박찬국 옮김, 아카넷)

향해 뻗게 됩니다. 반면 e, i를 발음할 때는 입술이 평평하게 되며 숨은 a, o, u의 경우에 비해 그렇게까지 앞을 향하지 않게 됩니다. 또 d, t, k, g, b, p를 발음할 때 숨이 먼 거리까지 가는 반면 m, n은 입술이 닫히면서 숨도 짧아집니다. 다시 말해 우물거리는 듯한 소리로 보이지요. 일본어의 경우도 카시러 박사의 지적이 어느 정도 들어맞습니다. '멀다(遠い: 토오이)'는 숨이 앞으로 죽 뻗어 가는 반면, '가깝다(近い: 치카이)'는 그렇지 않습니다. 영어의 '멀다 : far', '가깝다 : near'도 들어맞습니다.

물체의 크기를 표현하는 언어도 마찬가지입니다. 일본어로 '크다(大きい: 오오키이)'는 입을 크게 벌리고 발음하는 반면, '작다(小さい: 치이사이)'는 앞니를 앙 다물고 입도 크게 벌리지 않습니다. 다른 언어들을 보면, '크다'는 영어로 big, large, 중국어로는 da, 라틴어로는 magnus, 아랍어로는 kabir입니다. '작다'는 영어로 little, small, 중국어로는 xiao, 라틴어로는 parvus, 아랍어로는 saghir입니다. 각 언어로 '크다'는 입을 벌리고, '작다'는 입을 오므리는 경향이 있는 것으로 느껴집니다.

게다가 물체의 형태를 표현할 때, 그 물체의 형태에 어울리는 입의 움직임에 따라 언어 표현이 이루어지는 경우도 있다고 생각

놀라운 피부

합니다. 유명한 '부바, 키키' 테
스트입니다.(그림 13)

둥그스름한 솜사탕 같은 그
림과 날카로운 가시투성이의

그림13 '부바, 키키' 테스트

그림을 보여 주고, "어느 쪽이
부바, 어느 쪽이 키키일까요?"라고 물어봅니다. 그 결과 피험자는
국적, 민족, 언어의 차이에 관계없이 둥그스름한 쪽이 부바, 가시
투성이가 키키라고 답했습니다.

부바를 발음할 때 입술은 둥근 형태입니다. 대뇌 생리학자인
빌라야누르 라마찬드란Vilayanur Ramachandran 박사는 이것이 부바,
키키 문제의 답이라고 주장합니다.* 키키라고 발음할 때는 입술이
얇게 옆으로 퍼지며 양끝이 뾰족한 형태가 됩니다. 인간이 주변
의 사물에 이름을 붙이기 시작했을 무렵, 최초에는 그 형태에 맞
는 입의 움직임으로 표현했을지도 모릅니다.

수화 연구자인 사이토 쿠루미斉藤くるみ 박사는 호주 원주민인
애보리진aborigine의 수화를 연구했습니다. 현대 사회에서 쓰이는

---

* 『뇌 속의 천사(脳の中の天使)』, 빌라야누르 라마찬드란 지음, 야마시타 아츠코 옮김,
  가도카와쇼텐(한국어판:『명령하는 뇌, 착각하는 뇌』 박방주 옮김, 알키)

수화는 언어의 내용을 몸짓으로 변경합니다. 하지만 애보리진의 수화는 음성 언어를 '번역'한 게 아닌 듯합니다. 예를 들어 음성 언어로는 하나의 말로 표현되는 것이, 이들의 수화로는 뉘앙스의 차이를 가진 여러 개의 표현으로 나뉘는 겁니다. 이 연구 결과로부터 사이토 박사는 수화, 또는 제스처에 의한 커뮤니케이션은 최초부터 음성 언어와 공존하고 있던 게 아닐까 하고 지적했습니다. 그리고 이 몸짓 언어는 인간의 언어가 탄생했을 때 함께 나타난 게 아닌지, 그 덕분에 지금도 사람은 말할 때 (분명한 예로 연설할 때 등) 저도 모르게 제스처를 함께 쓰는 건 아닐까 하고 기술하고 있습니다.*

인간이 현재의 언어를 사용할 수 있는 수준으로 입이나 코, 혀 등 해부학적 조건이 갖춰진 것은 20만 년 전으로 추정됩니다.[105] 한편 체모를 잃은 것은 120만 년 전으로 보입니다.[106] 체모를 잃고, 한동안 언어를 (현대인에 비교해) 사용할 수 없던 100만 년간 이들이 어떻게 커뮤니케이션을 했을지는 직접적인 증거가 없기 때문에 알 수 없습니다. 하지만 아마도 처음에는 제스처로 '멀다',

---

* 『시각 언어의 세계(視覚言語の世界)』, 사이토 쿠루미 지음, 사이류샤

'가깝다' 등을 표현하다가, 서서히 언어를 사용할 수 있도록 진화가 이루어진 단계에서 제스처를 입술의 형태, 날숨을 내뱉는 방식 등으로 바꿔 간 것이 아닐까 합니다. 또는 그 반대로, 이 과정에서 현대의 언어를 말할 수 있는 입술, 입속 모양을 가진 개체나 집단이 탄생한 것일지도 모릅니다.

지금까지 저는 '피부감각'을 '언어'와 대립하는 것, '언어'로 표현되지 않은 의식을 만들어 내는 존재로 소개했습니다. 하지만 이렇게 보면 이들은 대립하는 것이 아닌, '언어'도 '피부감각'으로 대표되는 몸의 감각으로부터 탄생한 것이 아닐까 하는 생각이 듭니다. 헬렌 켈러Helen Keller가 '물'의 피부감각 체험을 기회로 언어 능력에 눈을 뜬 것도 당연한 일일지 모릅니다.

현재 같은 언어가 성립한 시기에 대해서는 여러 가지 설이 있습니다만, 저는 약 4만 년 전 정돈된 석기, 골기骨器, 뼈로 만든 기구 등이 만들어진 무렵이 아닐까 하는 설을 지지하고 있습니다.[107] 이런 도구들은 매우 넓은 지역에서 발견됩니다. 만드는 법을 다른 사람에게 전달하기 위해, 하나하나 눈앞에서 만드는 과정을 보여 주거나 몸짓, 손짓으로 가르치는 데는 한계가 있었을 테지요. 많은 양의 정보를 정확히 전달하는 언어가 탄생하지 않았으면 정돈

된 도구류가 각지에서 만들어지기는 어렵다고 생각합니다.

심리학자인 줄리언 제인스Julian Jaynes 박사는 언어는 비유에 의해 발달한다고 주장했습니다.* 이 책에서는 영어에서 쓰이는 비유의 예시가 소개되어 있습니다. 일본어의 예를 들자면, 장수가 쓴 투구 같은 머리 모양을 가진 장수풍뎅이(일본어로는 '투구벌레カブトムシ' – 옮긴이), 마찬가지로 투구에 달린 투구뿔을 닮은 사슴벌레(일본어로는 '투구뿔벌레クワガタムシ' – 옮긴이) 등이 있습니다. 신체 부위는 비유에 특히 잘 쓰이는데, 일본어에서는 조직의 가장 위는 머리(우두머리, 두목, 회장会頭, 총재頭取 등), 손은 병 같은 용기의 손잡이, 다리는 그대로 의자 다리, 책상 다리 등으로 쓰는 예시가 있습니다.

제인스 박사는 이에 더해, 인간관계를 추상적으로 표현할 때 피부에 관련된 단어가 원형인 예시가 많다고 설명합니다. 먼저 원서로부터 영어의 예를 소개하자면, 'thick-skinned 피부가 두꺼운=둔감한', 일본어로 옮기면 '낯짝이 두껍다'가 되겠죠.

---

* 『신들의 침묵, 의식의 탄생과 문명의 흥망(神々の沈黙 意識の誕生と文明の興亡)』, 줄리언 제인스 지음, 시바타 야스시 옮김, 기노쿠니야쇼텐(한국어판:『의식의 기원』 김득룡, 박주용 옮김, 한길사)

놀라운 피부

반대되는 표현도 있습니다. 'thin-skinned 피부가 얇다=민감한', 'touchy 접촉 자극에 민감한=신경질적인', 또 'get or stay touch with 접촉하거나 접촉을 유지하거나=연락을 하거나 유지하거나', '접촉'이라는 단어는 일본어로는 '관계를 갖는다'라는 의미가 됩니다. 또한 재미있는 표현으로 'rub the wrong way feeling 잘못 이해한 방법으로 문지르다=역린을 건드리다'가 있습니다. 엉뚱한 방법으로 건드리면 용도 사람도 화가 나는 법이죠. 'feeling 피부감각=느낌', 'touching 접촉하다=마음 깊은 곳에 닿다', 영어에는 이 정도의 예가 있는 것 같습니다.

일본어에서는 '가죽 피(皮)'라는 글자를 쓰면 나쁜 의미가 되고, '살 기(肌)'를 쓰면 그 사람의 인격을 표현하는 의미를 포함하게 됩니다. 전자로는 '피륙', '피상적' 등이 있습니다. 후자는 '학자 기질', '살이 맞지 않다(마음이 맞지 않다)', '살을 허락하다' 등의 말이 성격과 인격을 표현합니다. 또는 사회에서 선배가 신입사원에게 "현장에 나가서 피부로 느끼고 와!"라고 고함을 지릅니다. 현실을 인식하기 위해서는 시각이나 청각만으로는 안 된다, '촉각'으로 인식하지 않으면 상태를 제대로 파악할 수 없다고 말하는 거지요.

영어, 일본어에서는 이 정도로 피부에 관련된 단어가 인간관계, 또는 인격, 게다가 시각이나 청각으로 인지할 수 없는 현실을 파악하거나, 그런 내용을 표현하는 데까지 쓰이고 있습니다. 아주 먼 옛날부터 거리와 언어의 차이를 뛰어넘어 인간관계 등에 있어서 피부가 중요한 역할을 해 온 것이 아닐까요. 저는 이전부터 인류가 120만 년 전에 체모를 잃고서 현생인류와 같은 언어 발달이 가능한 해부학적 진화를 20만 년 전에 이루어 낼 때까지의 100만 년에 달하는 긴 시간 동안, 서로 몸을 맞닿는 것 같은 스킨십이 커뮤니케이션이나 사회구조 유지에 중요한 역할을 했을 것이라고 주장해 왔습니다. 우리가 쓰고 있는 언어 중에 특히 인간관계나 인격에 관련된 표현에 피부와 연관된 것이 남아 있다는 사실이 그 가설을 뒷받침해 준다고 생각합니다.

언어는 어느새 문장이 됩니다. 그 과정에 대해서도 여러 가지 설이 있습니다. 예를 들어 앞서 말한 라마찬드란 박사는 인간의 조상이 단순한 석기 같은 도구로부터 나무 자루에 돌도끼를 끼워 넣는 것같이 몇 개의 부품을 모아 도구를 만들어 내기까지의 과정에서 부품을 조립하는 능력(어셈블리 능력)을 익히고 이를 언어에 적용했

놀라운 피부

다고 주장했습니다.* 문장이 먼저인가, 복잡한 도구 만들기가 먼저인가는 아직 밝혀지지 않았습니다만, 인간은 꽤 예전부터 물건을 조립하는 어셈블리assembly 능력을 가지고 있었던 것 같습니다.

원시적인 언어로부터 비유에 의해 다양한 표현이 생겨나고, 이들이 구조를 가진 문장이 됩니다. 이를 통해 언어는 신체로부터 멀어져 추상적인 것까지 표현할 수 있게 되지요. 시간을 넘어 상세한 내용까지 다른 이에게 전달할 수 있는 도구로써의 언어는 어느덧 인간이 큰 집단, 사회구조를 가지기 위해 필수적인 것이 되었습니다. 최근의 연구에 따르면 문화의 진화는 집단의 크기에 강하게 의존하고, 큰 집단에서는 획득된 지식이 후퇴하는 일도 줄어들어 문화의 다양성이 유지될 수 있다는 것이 밝혀졌습니다.[108] 더 높은 창조성과 획득한 지식의 유지를 바란다면 큰 집단, 사회를 만들어야 한다는 겁니다.

대뇌 생리학자인 안토니오 다마지오 박사는 거대한 사회를 유지하기 위해서는 '이야기'가 필요하다고 주장했습니다.** 왜 나는

---

* 『뇌 속의 천사』, 앞과 동일

** 『자신이 마음에 들어왔다 : 의식 있는 뇌의 구축(自己が心にやってくる 意識ある 脳の構築)』, 안토니오 다마지오 지음, 야마가타 히로 옮김, 하야카와쇼보

이 사회에 속해 있어야만 하는 것인가, 애초에 이 사회가 존재하는 이유는 무엇인가, 이런 물음에 답하기 위해 집단에서 창세신화가 만들어집니다. 또 사회집단의 구성원이 서로를 돕고 상대를 상처 입히지 않는 등의 도덕을 지키게 하기 위해 신화로부터 죄를 다스리고 구제하는 신과 종교가 생겨나게 됐다는 거지요.

의식은 무엇인가

의식은, 의식하는 순간에만 보입니다. 예를 들어 자동차를 운전하고 있을 때 '나는 지금 자동차를 운전하고 있다'고 계속 의식하면서 운전하나요? '앞의 차와 너무 가까워졌군. 속도를 조금 줄이자', '노란불이 들어올 거 같으니 멈추자' 같은 것을 하나하나 의식하며(생각하며) 운전하는 건 자동차 학원의 선생에게 혼나며 운전하던 시절에만 하던 행동이 아닌가요? 면허를 따고 운전에 익숙해지면 다양한 판단과 동작을 무의식적으로 해내는 것처럼 느껴지죠.

좀 더 단순한 예를 들어 볼까요. 걷고 있을 때 여러 가지를 생각하게 되지만 '나는 지금 걷고 있다'고는 의식하지 않죠. 예를 들어 부상을 입어 한동안 걷지 못했던 사람이 재활 훈련의 결과 걸을 수 있게 된 순간에는 '아아, 나 지금 걷고 있어'라고 의식하겠지만, 대부분의 경우 '걷고 있다'고 의식하면서 걷는 사람은 없습니다. 지금 이 문장을 쓰고 있는 전 '지금 문장을 쓰고 있다'고 의식하는 것이 아니라, '의식은 왜 있는 것일까'라는 생각으로 꽉 차 있습니다. 즉, 우리는 동작을 의식할 필요가 없습니다.

심리학자인 제인스 박사는 인간이 의식을 갖게 된 것은 약 3000년 전의 일로, 그 전까지는 '신의 목소리'를 듣고 있었다고 주장했습니다.

박사에 따르면 옛이야기, 예를 들어 기원전 1230년 무렵으로부터 기원전 850년 무렵까지의 일을 기록한 「일리아스」에는 '의식'을 의미하는 단어가 나오지 않는다고 합니다. 등장인물의 행동은 모두 '신의 의지'로 기록되어 있습니다. 그 후, 문자가 만들어지고 서로 다른 문명 사이에 교류가 시작되면서 비로소 인간에게 '의식'이 탄생했다는 겁니다.*

---

* 『신들의 침묵, 의식의 탄생과 문명의 흥망』, 앞과 동일

말도 안 된다고 생각할지도 모릅니다. 하지만 현대에도 많은 잡지에 점성술 코너가 있는 데다, 컬트 집단의 교주가 내세운 황당무계한 종말 이야기에 고학력, 그것도 이공계 교육을 받은 젊은이들이 너무나도 간단하게 현혹되어 중대한 범죄를 저지르기도 합니다. 지금도 우리는 때때로, 자기의 의식이 아닌 '신의 목소리'를 좇고 있는 건지도 모릅니다.

넘어가고, 어쨌든 우리가 현재 '의식'이라고 부르는 현상에 대해 생각해 보죠.

앞에서도 말했듯이, 전 이 '의식'을 진화심리학자인 니콜라스 험프리 박사가 '지각'을 정의한 것과 같은 의미로 해석합니다. 험프리 박사는 '감각'과 '지각'을 나누어 생각하는 것이 의식, 다시 말해 지각을 논할 때 필요하다고 주장했습니다.

짚신벌레가 무언가에 부딪혔을 때, 세포막의 전기 상태가 변화해 섬모가 움직이는 것이 '감각'입니다. 제가 뜨거운 것을 만져서 피부의 온도 수용체(TRPV1이나 TRPV2)가 작동하고, 전기신호가 척수에 도달하는 것도 '감각'입니다. 화들짝 놀라 손을 떼는 행동도 척수의 반응이기 때문에 '감각'에 해당하는 행위로, 짚신벌레의 섬모 운동 개시와 같습니다. '지각'은 이 정보가 대뇌피질의 피부감각에 대응하는 부위에 도달해, 제가 '뜨거워!'라고 느끼는 거고요.

제가 유학했던 캘리포니아대학 샌프란시스코 캠퍼스에서 연구하는 생리학자 벤저민 리벳 박사는 이 두 가지 현상의 차이점을 몇 가지 실험으로 멋지게 보여 주었습니다.* 앞에서도 이야기한 적이 있지만, 여기서 더 자세하게 소개하겠습니다.

리벳 박사가 한 실험은 피험자에게 초침이 빨리 돌아가는 시계를 보여 주면서 언제든 생각날 때 손목을 구부리라고 주문하고, 손목을 구부리자고 생각한 때의 시각을 기억해 나중에 알려 달라고 한 것입니다. 그리고 실험 중에 뇌에서 일어나는 전기 현상을 기록했습니다.[109, 110]

결과는 의외였습니다. 피험자가 '손목을 구부리자'고 생각한 시각보다 0.35초 전에 뇌의 전기 상태에 변화가 일어난 겁니다. 그리고 '손목을 구부리자'고 생각한 시각보다 0.2초 뒤에 실제로 손목을 구부렸습니다. 즉, 행동하자고 의식하기 0.35초 전, 행동의 0.55초 전에 뇌는 활동을 시작한 거지요.(그림 14) 한편 피부

---

* 『마인드 타임 : 뇌와 의식의 시간(マインド・タイム 脳と意識の時間)』, 벤저민 리벳 지음, 시모죠 신스케 옮김, 이와나미쇼텐

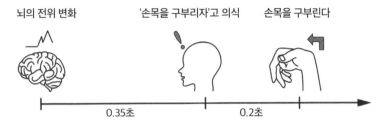

뇌의 전위 변화　　　'손목을 구부리자'고 의식　　손목을 구부린다

0.35초　　　　　　0.2초

그림 14 리벳 박사의 실험

에 자극을 주고 "언제 자극을 느꼈나요?"라고 질문했을 때는 자극을 줬을 때보다 약 0.02초 뒤에 "느꼈다"는 답이 돌아왔습니다.

　리벳 박사는 버트럼 파인스타인Bertram Feinstein 박사라는 외과의사와 친분이 있습니다. 피부 등이 자극받았을 때 그것을 '지각'한다, 즉 의식한다는 것은 대뇌 표면의 피질이라 불리는 부분입니다. 리벳 박사와 파인스타인 박사는 뇌 수술을 받기 위해 뇌를 드러낸 환자를 대상으로 실험을 했습니다. 피부감각을 지각하는 대뇌의 표면(피질)에 전기 자극을 주고, 환자에게 무엇을 느꼈는지 물어봤습니다. 그러자 환자는 자극이 0.5초 이상 이어지지 않으면 "아무것도 느끼지 못했다"고 답했습니다. 즉, 대뇌피질은 0.5초 이상 자극을 받지 않으면 '지각'하지 못합니다.

　그런데 여기에서 모순이 생깁니다. 실제 피부가 자극을 받았을

　　　　　　　　　　　　　　　　　　　　　놀라운 피부

때는 아무리 짧은 시간이라 할지도, 0.02초라는 짧은 시간 후에 '지각'할 수 있었습니다. 하지만 대뇌피질을 자극한 경우에는 자극이 0.5초 이상 이어지지 않으면 '지각'되지 않습니다.

피부가 받은 자극은 척수를 통해 시상視床이라는 대뇌의 아랫부분에 있는, 말하자면 전신으로부터 정보를 모으는 장소에 보내지고 거기서 다시 대뇌피질의 피부감각을 담당하는 부위로 전송됩니다. 대뇌피질에서 피부감각을 담당하는 부위는 0.5초 이상 자극하지 않으면 '지각'하지 못하는 데다 '손목을 구부리자'는 의사의 0.35초 전에 뇌는 활동을 시작하지 않으면 안 됩니다. 이런 '장고하는(?)' 피질이 아닌, 정보 수집 센서라 해도 과언이 아닌 시상에 피부 자극이 도달하면 피험자는 0.02초 뒤에 '자극을 받았다'고 느끼게 됩니다. 이것은 피부를 자극한 순간부터 '자극을 받았다'고 느낄 때까지 걸린 시간과 같습니다. 아마도 피부가 받는 자극은 무언가가 신체에 접촉한 자극과 같고, 위험한 경우에는 재빨리 대처하지 않으면 안 되기 때문에 다른 것보다 빨리 의식화되는 것 같습니다.[111]

리벳 박사의 이런 연구로부터 일반적으로 '의식'은 0.5초라는, 신경 활동에서는 꽤 긴 시간 동안 대뇌피질이 자극받지 않으면 형성되지 않는다는 사실이 밝혀졌습니다. 이런 의식에만 매달린다면 자동차 운전도 보행도 대단히 위험해집니다. 시속 $60km$로 달리는 자동차의 운전자가 위험을 느끼고 멈추려고 생각하는 데 0.5초나 걸린다면, 그 사이에 차는 $8m$ 이상 가고 맙니다. 걷고 있던 도중 무엇인가에 발이 걸렸는데 0.5초 동안 아무것도 하지 않으면 확실하게 넘어지죠. 자동차 운전, 보행 등의 경우에는 정보를 의식화하지 않는다, 다시 말해 무의식적으로 움직이고 있다고 생각하는 쪽이 이치에 맞습니다.

제1부에서 '기업에 비유하면 머리는 임원진'이라고 썼습니다. '의식'은 대뇌피질이라는 이름의 임원이 회의를 열고 시간을 들여 결정한 사항에 해당하겠지요. 중요 사항, 다시 말해 장래를 위한 계획 등을 결정할 때는 '의식'(임원의 결재?)이 필요하겠지만, 그렇게까지 중요하지 않은 일은 시상(부장 전결?)의 대응, 아니면 긴급한 대응은 척수반사(과장, 대리의 판단?)로 재빨리 처리하는 쪽이 오히려 위험을 피하고 문제없이 행동할 수 있는 겁니다.

리벳 박사는 '의식'은 오히려 인간의 행동에 방해가 되는 경우가 많다고 생각합니다. 예를 들어 피아니스트가 자신이 연주하고 있다는 것을 '생각'하면 연주가 어색해집니다. 박사는 표현이 무의식적으로 흘러나올 때야말로, 마음에 가득 차 있던 숭고한 감정을 담아 매끄럽게 표현되는 음악이 탄생한다고 주장합니다. 또는 위대한 테니스나 야구 선수는 의식에 사로잡히는 일 없이 무의식에 주도권을 맡길 수 있는 사람들입니다. 테니스나 야구에서는 날아오는 공에 대해 자동차 운전 이상으로 재빠른 대응이 필요하기 때문이죠.

리벳 박사는 이뿐만 아니라 예술이나 과학 같은 창조적인 과정에도 이런 사고방식이 들어맞는다고 기술한 바 있습니다.

앞으로 예술이나 과학에 대해서도 이야기하겠지만, 특히 예술의 역사를 돌아보면 리벳 박사의 사상이 맞다는 것을 알 수 있습니다. 현대의 뛰어난 음악가, 아티스트의 상당수가 '무의식'에 자신을 맡기는 일이 창조로 연결된다고 말하고 있습니다.

피부감각 정보의 대부분이 무의식에 작용한다

우리는 시각, 청각, 후각, 미각, 그리고 촉각을 통해 늘 신체 주변과 환경의 정보를 받고 있습니다. 특히 지금까지 이야기했듯이 피부로부터 받는 정보는 기존의 감각 정보뿐만이 아니라 소리나 빛 같은 것까지 포함하면 막대한 양이 됩니다. 하지만 리벳 박사의 연구가 보여 주듯이 '의식'을 만드는 데는 0.5초라는 시간이 걸립니다. 이 때문에 피부감각이 주는 막대한 정보 중 의식이 되는 건 매우 적은 양에 불과합니다.

짐머만Zimerman 박사의 데이터에는 시각 정보가 촉각 정보보다 많다고 나와 있습니다. 시각에 반응하는 수용체의 수는 2억개, 전체 통신 정보 수량은 초당 1000만 비트, 그리고 의식적으로 지각되는 것은 초당 40비트 정도라고 합니다. 반면 촉각 수용체의 수는 1000만 개, 전체 통신 수량은 초당 100만 비트, 의식적으로 지각되는 건 초당 겨우 5비트에 불과하다고 적혀 있습니다. 비트bit는 정보의 단위로, 1비트가 이진법의 1항(글자 하나)으로 표현되는 정보, 즉 1 또는 0입니다. 2비트는 00, 01, 10, 11이라는 4종류의 정보를 의미합니다. 바꿔 말하면 n비트는 2의 n승(2를 n번 곱한 수) 종류의 정보를 의미합니다.* 외부로부터 시각 정보를 반영하는 시각 수용체의 수는, 이 책이 쓰여졌을 무렵 이미

놀라운 피부

망막에 존재하는 광수용 세포의 수, 대응하는 신경섬유의 수를 정확히 헤아리는 것이 가능했었다고 추정되기 때문에 믿을 수 있습니다. 하지만 촉각 부분은 기존의 진피에 존재하는 신경말단의 수로부터 수용체의 수, 전체 통신 수량을 계산한 것입니다.

　반면 저희 연구로 표피를 형성하는 케라티노사이트 하나하나에 촉각 자극 수용체가 있다는 사실을 밝혔고, 거기에 더해 표피 안에도 무수신경섬유無髓神經纖維, 골수가 없는 신경섬유가 들어 있어 케라티노사이트의 흥분이 그곳으로 전달된다는 것을 발견한 바 있습니다. 게다가 짐머만 박사의 '피부감각'은 촉각만이라 온도 감각은 포함되지 않습니다. 또한 메커니즘은 아직 밝혀지지 않았지만, 환경에서 오는 정보 중 가시광, 음파, 전기장, 기압도 표피가 수용할 가능성이 있습니다. 그렇기 때문에 실제로는 시각 정보보다 피부로부터 받는 정보가 압도적으로 많을지도 모릅니다. 촉각 정보의 수가 짐머만 박사의 계산보다 1항 더 많다고 가정하면, 촉각으로 받아들이는 정보는 의식이 되는 정보의 수천만 배 이상이 됩니다. 다시 말해 촉각 정보의 수천만 분의 1 정도의 정보만 지각되고 있으며, 그 이하는 무의식 정보가 되는 겁니다. 무의식이 인간의 행위를 좌우하고 있다면, 피부로부터의 정보는 인간의 행동, 사고 등에 막대한 영향을 끼친다고 볼 수 있겠죠.

시라스 마사코의 촉각적 지성

인간의 의식이라는 것을 다시 생각해 보면, 피부감각으로부터 받은 정보 중 의식이 되는 것은 굉장히 한정되어 있을 가능성이 높습니다. 이 외의 엄청난 정보는 의식이 되지 않는 정보, 즉 무의식의 영역에 있다고 볼 수 있습니다. 이 점을 보여 주는 좋은 예를 소개하겠습니다.

시라스 마사코白洲正子 씨는 훌륭한 작가로서도 유명하지만, 이와 동시에 뛰어난 '감정가'로도 잘 알려져 있습니다. 특히 골동품에 대한 다양한 일화가 남아 있지요.

시라스 씨는 골동품을 꾸미고 보기만 해서는 가치를 알 수 없다, 실생활에 사용해야 한다는 지론을 가지고 있었습니다. 그래서 일상생활 중에, 예를 들어 오리베織部, 일본 모모야마 시대의 다기나 로산진北大路魯山人, 일본의 요리 예술가 겸 도예가 다기로 밥을 먹고 이조백자 술병이나 도자기로 저녁 반주를 들이켜곤 했다고 합니다. 그렇게

놀라운 피부

사용하는 동안 좋은 품질의 가치를 알 수 있다는 것이 시라스 씨의 확고한 의견이었지요.

시라스 씨가 백내장을 앓아 수술을 위해 입원한 적이 있습니다. 당연히 시각은 거의 쓸 수 없는 상태입니다. 고미술 평론가인 아오야기 케이스케青柳惠介 씨가 문병을 갔을 때, 우연히 네고로유리 그릇을 가져간 적이 있습니다. 네고로유리根来塗라는 것은 와카야마현의 네고로사根来寺에서 쓰이기 시작했다고 알려진 붉은색의 칠기로, 밑바탕에는 검은 옻칠이 되어 있기 때문에 오래 사용하면 할수록 검은 부분이 조금씩 보이면서 생기는 아름다움이 귀히 여겨진다고 합니다.

아오야기 씨는 가치가 있다고 믿고 있던 그 그릇을 침대 위에 있던 시라스 씨에게 들려 주었습니다. 그러자 눈이 부자유한 시라스 씨는 잠시 동안 그릇을 만져 본 뒤 "이거 좀 이상하지 않아?"라고 말했다고 합니다. 당연히 아오야기 씨는 마음에 두지 않았죠. 눈도 안 보이는 사람이 무슨 소리를 하느냐고 생각했을지도 모릅니다. 하지만 뭔가가 마음에 걸려 확인해 보기 위해 감정을 의뢰한 결과, 역시나 모조품으로 판명이 났다고 합니다. 나중에 수술을 마치고 시력을 회복한 시라스 씨에게 이 건을 말했지

만, 시라스 씨는 말없이 미소지을 뿐이었다고 하네요.[*]

전 이 일화는 시라스 씨가 골동품을 일상에서 사용하며 계속 만진 덕에 나온 결과라고 생각합니다. 눈에 보이는 것만이 다가 아닌 겁니다. 다양한 피부감각, 예를 들어 감촉, 무게, 중심 등도 인간의 판단에 영향을 미칩니다. 그리고 이들은 '물체'를 결정하는 중요한 요소들이기도 합니다.

비슷한 이야기를 국립민속학박물관의 세키 유우지關雄二 교수로부터 들은 적이 있습니다. 세키 교수는 안데스 지방의 고고학이 전문인 분인데, 우연히 좌담회를 함께했을 때 시라스 씨의 일화를 말씀드린 적이 있습니다. 그러자 세키 교수는 "저도 비슷한 경험이 있어요. 수십 년 동안 안데스 지방의 유적으로부터 발굴된 토기 파편을 만진 탓인지, 그런 물건들은 손으로 만지는 것만으로 진품인지 모조품인지 알아낼 수 있거든요. 진품의 경우 어느 시대, 어느 지역에서 나온 것인지도 알 수 있습니다"고 말씀해 주셨습니다.

시라스 씨의 일화에서도, 세키 교수의 말에서도, 감각 정보 또

---

[*] 『숨은 이치(かくれ理)』, 시라스 마사코 지음, 고단샤분게이분코

는 피부감각이 눈에 보이지 않는, 그리고 언어로 설명할 수 없지만 중대한 것임을 이야기해 주고 있습니다.

한때 우리 생활환경에는 이렇게 주변으로부터 받는, 언어로 표현할 수 없는 정보가 매우 풍부했을지도 모릅니다. 하지만 의식이라는 존재가 근대 사회에 중요하게 여겨지게 되면서 정보는 언어를 중심으로 시청각에 한정되게 되었습니다. 그 원인은 우리 생활 속에 '시스템'이 생겨나 이상할 정도로 빠르게 발달한 데 있다고 생각합니다.

자, 그럼 이제 이 '시스템'에 대해서 생각해 볼까요.

제6부

시스템과 개인의 미래

'시스템'의 탄생

　반복이지만, 인간의 의식이라는 건 과거와 현재와 미래의 자신을 같은 것으로 두고, 뇌 안에 오케스트라의 지휘자와 같은 것이 존재해 그 지시에 따라 환경을 인식하고, 판단하고, 행동한다는 가상입니다. 일단 가상이라고 쓰긴 했습니다만, 지금까지 이야기했듯이 의식은 환경으로부터 주어진 정보의 수천만 분의 1에도 못 미치는 것입니다. 실제로는 대부분의 정보가 '무의식'인 채로 판단이 내려지고 행동으로 연결되는 경우가 압도적으로 많다고 추정됩니다. 하지만 인간은 일반적으로 이런 사고방식을 싫어

합니다. 인식, 판단, 행동 모두가 의식이라는 지휘자에 의해 통제된다고 믿고 싶어하죠. 하지만 여기까지 읽으신 분은 잘 아시겠지만, 대뇌 생리학의 연구 결과는 의식이 우리 생활에 있어 한정적인 역할밖에 못하고 있는 것을 시사하고 있습니다.

그렇다면 왜, 인간은 자신의 의식을 과대평가하는 것일까요? 전 인간의 역사 속에서 의식이 사회 시스템을 만드는 데 중요한 역할을 해 왔기 때문이라고 생각합니다.

인간에게는 '구조물'을 만드는 본능이 있다고 생각합니다. 도구를 보자면, 처음에는 손으로 다듬은 석기를 나무 봉에 끼우는 정도였습니다. 거기서 도끼나 창이 생겨나죠. 그 다음에는 작은 창을 멀리까지 보내기 위해 활이 생겨났고요. 대뇌의 진화에 따라 인간의 도구는 끊임없이 복잡하고 대규모인 것으로 발전해 왔습니다.

언어도 그렇습니다. 처음에는 단어만 있던 것이 몇 개의 단어를 연결한 문장이 되고, 역시 점점 복잡하게 변해 갑니다. 지방에 따라 다른 발전을 이루어 온 언어가, 예를 들어 무역 같은 기회를 통해 서로 접촉하게 되면 상호의 이해를 위해 쌍방의 단어가 섞인 언어가 태어납니다. 이것을 피진pidgin(피진 언어)이라고

놀라운 피부

부릅니다. 게다가 이 피진이 몇 세대에 걸쳐 같은 집단에서 계속 쓰이면 크리올creole(크리올 언어)이라고 불리는 것으로 발전해 결국은 다른 언어와 다를 바 없는 자연언어가 됩니다(역 크리올화). 이런 단계는 대항해시대, 서구의 사람들이 태평양의 섬이나 아프리카에 발을 디뎠을 때 일어난 일이지만 어쩌면 역사시대 이전, 서로 다른 언어를 쓰는 종족들끼리 접촉하면서 먼저 피진이 생겨나고 크리올화를 겪으며 결국 독자적인 언어로 발전했을지도 모릅니다. 영어, 독일어, 네덜란드어에 유사한 부분이 많고 프랑스어, 이탈리아어, 스페인어에도 공통점이 많은 이유는 원래는 서로 다른 언어끼리 계속 접촉하며 피진, 크리올, 역 크리올로 발전한 결과일지도요.

도구든 언어든, 인간에게는 '구조물'을 만들려고 하는 본능이 있습니다. 예를 들어 말도 제대로 못하는 유아가 나무 블록을 쌓으며 놀거나, 또는 장애로 의사소통조차 제대로 할 수 없는 사람이 소위 '아르 브뤼'라 불리는 복잡하고 정교한 구조로 보는 이를 감동하게 하는 조형 예술 작품을 만드는 것에서도 알 수 있습니다.

이런 인간이 집단생활을 시작하면 집단 안에서도 '구조물'을 만들려고 하는 본능이 작동합니다. 그 결과, 어찌어찌 집단생활에 유리한 '구조물'이 만들어지면 다른 집단과의 경쟁에서 이길 수 있습니다. 또한 이런 집단에서는 도움이 되는 '구조물'(이제는 사회구조라고 불러도 좋겠죠)을 발전시키는 개인이 존경받습니다. 존경받는 사람들이 자손을 보다 많이 남기고, 더해서 '구조물'을 잘 만들어 내는 인간이 늘어나게 됩니다. 이러한 역사 속에서 '구조물', 다시 말해 '시스템'을 유지하고 '시스템'과 공조할 수 있는 인간이 늘어 온 거겠죠.

치밀하고 거대한 구조물은, 예를 들어 벌이나 흰개미 둥지에서도 볼 수 있습니다. 그러나 이들은 '의식'과 관계없습니다. 책의 시작부에서 이야기했듯이, 각각의 생물이 서로 작용한 결과 마치 큰 설계도가 있는 것 같은 구조물을 만든 겁니다. 이 점에 대해서는 뉴욕주립대학의 스코트 터너Scott Turner 박사가 멋진 저서인 『스스로 디자인하는 생명 : 개미굴부터 뇌까지의 진화론The Tinkerer's Accomplice: How Design Emerges from Life Itself』에서 자세히 설명하고 있습니다.

제인스 박사는 최초에 의식은 신의 목소리로 여겨졌다고 이야기합니다. 즉, 인간이 직접 닿을 수 없는, 인지를 뛰어넘은 존재로부터의 메시지였던 거지요. 신이 전하는 지혜는 인간의 집단, 사회의 질서를 유지하기 위한 지시, 바꿔 말하면 정의를 지시했겠죠. 여기에는 현대에 들어서는 무의식적으로 포함하는 것, 약자나 어린이를 무조건적으로 친절히 돌보는 것 같은 '무의식'도 포함되어 있었을 겁니다. 신 아래에서 인간은 평등하다는 '무의식'도 존재하고 있었을 테고요.

다른 문화와의 교류, 문자의 발명으로 신의 목소리는 의식으로 바뀌었습니다. 그렇게 되면 사회 시스템을 유지하기 위한 인식, 판단, 행동은 의식에 맡겨지게 되지요. 영장류, 특히 유인원들은 이미 복잡한 사회질서를 유지하는 것이 확인되었습니다. 인간도 홀로 살아가는 것보다 사회집단 안에서 살아가는 쪽이 생존할 확률이 높습니다. 또 사회의 구성원 수가 많은 쪽이 생존을 위한 지혜의 유지, 지식의 다양성을 만들어 낼 수 있습니다.[112] 선사시대에 다양한 인간의 집단이 존재했던 것이 결국 거대한 사회, 국가의 형성으로 이어진 건 보다 큰 집단이 다양한 인간 집단의 도태를 뛰어넘은 결과일 겁니다.

큰 집단을 유지하기 위해서는 치밀한 질서가 필요합니다. 이를 위해서는 의식에 의한 시스템 구축, 인간으로 말하자면 대뇌피질의 존재가 필요하게 됩니다. 생물 개체를 생각할 경우, 작은 생물, 단순한 구조의 생물에게는 정보를 보존할 뇌가 필요 없습니다. 반면 많은 정보를 습득하는, 복잡한 구조를 가진 생물일수록 뇌의 역할은 커집니다. 인간의 집단도 마찬가지로 크고 복잡해질수록 뇌 같은 정보처리, 기억을 위한 중추 기구가 필요해지죠. 그 위에 '의식'에 해당하는 존재, 앞서 오케스트라의 지휘자라는 예시를 들었지만, 현실에서는 왕, 황제, 그리고 이들을 보좌하는 특권 계층인 귀족이나 신하로 이루어진 관료 조직이 필요해지겠죠. 역사 기록이 시작된 뒤의 인간의 역사에서 세계 각지에 탄생한 거대한 사회집단이 모두 계층 사회구조를 이루고 그 정점에 서는 존재를 만들어 낸 것이 인간이라는 종의 번영에는 필연이었다고 생각하면, '의식'을 중요하게 보고 사회 시스템을 구축하는 것을 지향하는 개체(인간)가 생존 경쟁에서 선별됐던 건지도 모릅니다.

프랑스의 철학자인 장 보드리야르Jean Baudrillard 박사는 저서

『소비의 사회』에서 이렇게 말했습니다.

"시스템의 유일한 논리는 살아남는 것이고, 그 의미에서 시스템의 전략은 인간의 사회를 불안정한 상태, 끊임없는 결손의 상태로 보존하는 것이다. 살아남고 부활하기 위해 시스템이 전통적으로 '전쟁'을 강력한 수단으로 삼아 온 것은 잘 알려져 있지만, 오늘날에 와서는 전쟁 기구와 기능이 일상생활의 경제 시스템과 구조 안에 포함되어 버렸다."[*]

시스템은 처음부터 개인과 대립하는 것이기도 했습니다. 아직 인간이 반 정도는 신의 목소리에도 귀를 기울이고 있을 무렵에는, 시스템이 개인을 유린하고 폭주하는 일이 적었다고 추정됩니다. 하지만 문자에 이어 인쇄 기술이 발명되면서, 시스템을 구축하는 건 점점 쉬운 일이 되어 갔습니다. 인간을 죽일 수 있는 도구나 무기도 총처럼 아주 적은 힘으로도 치명적인 살상력을 발휘할 수 있는 쪽으로 발전되어 갔습니다. 이와 더불어 '신의 목소리'는 멀어져, 자신의 의식으로 다른 사람이나 다른 사회집단을

---

[*] 『소비 사회의 신화와 구조(消費社会の神話と構造)』, 장 보드리야르 지음, 이마무라 히토시·츠카하라 후미 옮김, 기노쿠니야쇼텐(한국어판: 『소비의 사회』 이상률 옮김, 문예출판사)

지배하거나 파괴할 수 있다고 깨달을 무렵에는 시스템 지향의 의식이 오히려 인간의 생존에 있어 위험한 것으로 변질되어 버렸다고 생각할 수 있습니다.

무라카미 하루키의 '벽과 알'

위험한 시스템이라고 하면, 예루살렘상을 수상할 당시에 무라카미 하루키村上春樹 씨가 한 연설인 '벽과 알'이 떠오릅니다. 꽤 화제가 됐던 연설이라 대부분 알고 계시겠지만, 일부분을 인용해 보겠습니다.

"이렇게 생각해 보십시오. 우리는 모두 많든 적든, 각각 하나의 알이라고. 둘도 없이 소중한 하나의 혼과, 이를 감싸는 약하디약한 껍데기를 가진 알이라고. 저도 그렇고, 여러분도 그렇습니다. 그리고 우리는 모두 많든 적든, 각각에게 있어 단단하고도 큰 벽에 직면하고 있습니다. 이 벽은 이름을 가지고 있습니다. 그것은 '시스템'이라 불립니다. 이 시스템은 원래 우리를 보호하기 위한

놀라운 피부

것입니다. 하지만 어떤 때에는 그것이 홀로 서서 우리를 죽이고, 우리로 하여금 사람을 죽이게 합니다."

"생각해 보십시오. 우리들 한 사람 한 사람에게는 잡을 수 있는, 살아 있는 혼이 있습니다. 시스템에는 그것이 없습니다. 시스템이 우리를 이용하게 해서는 안 됩니다. 시스템을 홀로 서게 만들어서는 안 됩니다. 시스템이 우리를 만든 것이 아닙니다. 우리가 시스템을 만든 것입니다."*

특히 인상적인 부분은 인용문 마지막의 "시스템이 우리를 만든 것이 아닙니다. 우리가 시스템을 만든 것입니다"라는 문장입니다. 인간에게 '시스템'을 만드는 성향이 있는 것은 진화의 어떤 과정에서 그 성향이 인간의 생존에 유리했기 때문이라는 것을 의미합니다. 그리고 현대에 와서는 그 '시스템'이 "어떤 때에는 그것이 홀로 서서 우리를 죽이고, 우리로 하여금 사람을 죽이게 합니다."

저는 이 '시스템'의 폭주와 표리일체를 이루고 있는 것이 '의

---

* 「벽과 알」, 『잡문집』, 무라카미 하루키 지음, 신초샤(한국어판:『무라카미 하루키 잡문집』 이영미 옮김, 비채)

식'만이 인간의 인식, 판단, 행동을 담당하고 있다는 오해라고 생각합니다. 처음에는 보다 생존에 유리했기 때문에 '의식'이라는 뇌의 현상이 탄생했습니다. '의식'이 시스템을 만드는 방향으로 향한 것도, 당시에는 인간의 생존을 위해서였습니다. 하지만 현대에 와서는 그것이 오히려 재난을 몰고 오게 되었습니다.

'의식'뿐만이 아니라 비슷한 현상, 즉 진화 과정에서 생존에 유리했기 때문에 획득한 인간의 성질이 현대에 와서는 오히려 생존을 위협하는 것으로 바뀐 예가 더 있습니다. 예를 들어 염분과 당분, 칼로리가 높은 식품을 '맛있다'고 느끼는 건 식량이 부족한 환경에서 보다 생존에 유리한 먹거리를 고르기 위해 획득된 성질일 겁니다. 하지만 현대의 선진국에서는 생활습관병(성인병)의 원인이 되어 버렸죠.

일반적으로 진화라는 것은 다양한 환경 속에서 우연히 생존에 유리한 형질을 획득한 개체, 종이 결과적으로 선별되어 살아남는 것을 말합니다. 진화에는 긴 시간이 걸리는 한편, 진화가 환경을 급속하게 바꾸지도 않습니다. 하지만 인류라는 종은 불이나 도구의 발명, 거기에 더해 농경을 시작함으로써 생존을 위해 환경을 바꿔 왔습니다. '의식'과 '시스템'의 시작은 이를 가속해 얄궂게도

놀라운 피부

개체의 생존을 위협하는 데까지 와 버렸습니다.

　무라카미 씨의 글을 하나 더 인용해 보겠습니다. 옴진리교 사건을 언급한 글에서 이어지는 것입니다.

　"폐쇄적인 집단은 '의식의 언어화'와 '의식의 기호화'에 결탁하는 경향이 있다. 그들은 물론 의식의 언어화에 대해 더없이 열심이다. 하지만 그들이 거기서 언어라고 생각하는 것은, 실제로 언어의 형태만 띤 기호에 불과한 경우가 많다. 좁고도 긴밀한 커뮤니티에서는 정보의 기호화가 간단하고, 그쪽이 전달 효율이 훨씬 높기 때문이다. 기호화된 정보를 동료와 동시에 공유하는 것으로 연대감도 높아진다. 토론의 장에서는 이런 기호화 언어가 비할 데 없는 강력함을 발휘한다. 하지만 이런 기호화는 장기적으로 보면, 확실히 개인의 이야기=역사의 잠재력을 떨어뜨리고 자립성을 잃게 한다."*

　이 글을 보면 학생 시절에 배운 열역학 법칙이 생각납니다. 갑

---

* 「공생을 원하는 사람들, 원치 않는 사람들」, 『잡문집』, 앞과 동일

자기 튀어나온 것 같지만 간단하게 설명하겠습니다. 소위 말하는 열역학 제2법칙, 엔트로피의 법칙이라는 이름이 더 유명하겠네요.

이 법칙에 따르면, 열 등의 에너지 출입이 없는 폐쇄된 계系 안에서는 내부의 질서, 구조가 시간이 갈수록 무너져 난잡한 상태가 됩니다. 하지만 생명이 있는 것은 환경이 변해도 개체 내부의 질서가 죽을 때까지 보존되는 한편, 새로운 세대로 명이 이어져 갑니다. 왜냐하면 생물은 보통 에너지나 정보를 외부와 주고받고 있기 때문입니다. 이 수학적 증명을 실현한 것이 일리야 프리고진Ilya Prigogine 박사입니다. '개방계의 열역학', '비평형 열역학' 등으로 불립니다. 지금까지 낸 책에도 몇 번 쓴 적이 있습니다만, 프리고진 박사의 업적을 일본에 소개한 마츠모토 겐松本元 박사가 저에게 피부의 중요성을 설파해 준 것은 개체의 경계인 피부가 환경과 정보나 에너지를 주고받고 있다고 생각하기 때문입니다.

'의식'이 만들어 낸 시스템 안에서 개인이 존경을 유지하기 위해서는 시스템이 환경으로부터 정보를 단절하지 않는 것, 그리고 개인 역시 시스템에 너무 의존하지 말고 자신을 시스템의 외부를 향해 개방하는 것이 필요합니다.

놀라운 피부

이를 위해 큰 역할을 하고 있는 것이 예술이라고 생각합니다. 나중에 다시 설명하겠습니다.

~~~~~~~~~   **인터넷의 영향**

인간의 뇌가 지금까지 기술해 온 것 같은 시나리오에 따라 진화했다고 생각하면, 최근 선진국에서의 생활이 오히려 뇌의 퇴화를 이끄는 것이 아닌가 하는 경각심을 느낍니다.

인터넷 기술의 경이적인 발달에 의해 우리는 정보 단말과의 접촉만으로 엄청난 양의 정보를 받아들이고, 방에 틀어박혀 있어도 생활이 가능해지는 수준까지 왔습니다. 하지만 이 때문에 세계와 신체, 피부의 접촉이 줄어들어 버렸습니다. 극단적으로 말하면 껍데기 안에 틀어박힌 성게처럼 뇌의 필요성이 사라져 버리고 있는 게 아닌가 하고 생각합니다.

무언가를 조사하려면, 예전에는 도서관에 직접 가서 서가로부터 책을 몇 권이고 꺼낸 뒤 페이지를 넘기며 필요한 정보를 연필 등으로 노트에 기록해야 했습니다. 이런 일련의 작업에는 다양한 피부감각이 관련되어 있습니다. 그런데 지금은 검색 사이트에서 조사하면 (저 개인적으로는 별로 안 하는 편이지만요) 어쨌든 정보를 얻을 수 있습니다.

예를 들어 연필이나 펜으로 글자를 쓰던 시절에는 한자를 잘만 기억했었는데, 워드프로세서에 익숙해지면서부터 아주 간단한 한자조차 쓰지 못하게 된 경험을 다들 가지고 있을 겁니다. 저도 그렇습니다. 이건 손가락이나 손의 감각을 통해 기억하고 있던 한자를 워드프로세서의 메모리에 맡겨 버린 결과라고 생각합니다. 한자는 뇌로만 기억하는 것이 아닌 듯합니다. 손과 손가락의 피부감각과 뇌의 공동 작업을 통해, 고등학생 시절의 저는 지금보다 더 많은 한자를 줄줄 써 나갔던 거죠.

이 경험을 뒷받침하는 연구 결과가 있습니다. 손으로 쓰는 쪽이 키보드 조작보다 학습 효과가 높고, 뇌의 활성 영역도 넓다는 연구입니다.

프랑스에서 이루어진 실험입니다. 23~29세의 남녀 각 6명을 대상으로, 벵골어(인도, 방글라데시에서 사용됨)과 구자라트어(인도에서 사용됨)의 알파벳 10개(라틴 문자의 a, e, f, g, h, k, r, s, y, z에 해당)를 하루에 한 시간씩, 3주간 학습하게 했습니다. 이때 한 그룹은 수기, 다른 한 그룹은 타자기를 이용했습니다. 그 후 5주간에 걸쳐 라틴 문자를 보여 주며 이에 해당하는 벵골어, 구자라트어 문자를 고르게 하는 시험을 쳤습니다. 그 결과 학습이 끝난 직후부터 수기로 공부한 피험자 쪽이 정답률이 높았습니다. 또 학습 후 1주, 3주, 5주가 지난 뒤 각각 시험을 친 결과 두 그룹의 점수 차가 시간의 경과에 비례해 점점 벌어졌습니다. 즉, 수기로 학습한 피험자는 오랜 시간이 지난 후에도 기억을 유지하고 있었던 거지요.

이 실험에서는 또, 뇌 속의 활성화 영역을 볼 수 있는 fMRI를 이용해 수기와 타자기로 학습 중일 때의 뇌 내 활동, 그리고 손으로 쓴 문자와 타이프로 친 문자를 인식할 때의 뇌 내 활동을 관찰했습니다. 그 결과, 어느 쪽이든 수기의 경우가 뇌에서 행동, 이미지, 관찰에 관여한다고 추정되는 부분, 특히 언어 중추인 브로카 영역과 감각의 인식에 관여하는 것으로 알려진 하두정소엽의 활동이 현저하게 두드러졌습니다(그림 15). 이 사실로부터 수기로 문자를 인식하며 학습하는 것의 효과가 확실해졌을 겁니다.[113]

화가나 조각가는 손과 뇌를 이용해 창조적인 일을 하는 사람들입니다. 아티스트는 요절하는 경우도 많지만, 공을 세우고 이름을

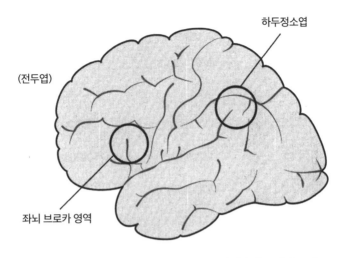

하두정소엽

(전두엽)

좌뇌 브로카 영역

<u>그림 15</u> **손으로 문자를 쓰는 학습으로 활성화되는 뇌의 부위**

남긴 사람은 상당수가 장수하며 죽음에 이를 때까지 창작을 이어 가는 경우가 많은 것 같습니다. 시험 삼아 1980년 이후의 문화훈장 수상자 중에서 회화, 조각, 공예 분야 수상자의 수명을 조사한 결과 실제로 평균 수명 90.3세였고, 100세 이상 장수한 사람도 네 명이나 있었습니다. 건강하게 오래 살기 위해서는 손과 뇌를 사용해 창조하는 행위가 중요한 것 같습니다.

인터넷으로 정보를 쉽게 획득할 수 있고, 워드프로세서로 잊고 있던 한자도 바로 불러올 수 있는 세상. 지금 우리는, 옛사람들에 비해 엄청난 양의 정보를 받아들이고 있는 것처럼 생각하기 쉽습니다. 하지만 정말 그럴까요? 오히려 컴퓨터나 인터넷에 의존하면서 자신이 처리해야 하는 정보가 줄어든 것은 아닐까요. 정보를 모으는 것은 그다지 어렵지 않습니다. 특히 인터넷에서 '검색'하면 어쨌든 답을 찾을 수 있는 현대에 와서는 정보 수집에 재능은 필요 없습니다. 더 필요한 것은 모은 정보로부터 필요한 것만 골라내는 일이죠. 소위 '머리가 좋은', 일을 잘하는 사람은 '박식한 사람', '검색의 달인'이 아닌 정보 선택 능력이 높은 사람, 언뜻 관계가 없어 보이는 영역에서 필요한 정보를 뽑아내 새로운 사고방식을 만들어 낼 수 있는 사람이라고 생각합니다.

이런 상태가 앞으로 우리 자손에게 어떤 영향을 미칠까를 생각하면 전 불안해집니다. 인간은, 제 가설에서는, 우수한 시각에 더해 환경으로부터 피부감각이라는 엄청난 정보를 받아들이는 '헐벗은 피부'와 뛰어난 손놀림을 갖고, 많은 정보로부터 생존에 유리한 것을 선별해 판단하기 위한 대뇌를 크게 키워 왔습니다.

컴퓨터의 기본 구조는 수학자 존 폰 노이만John von Neumann 박사에 의해 구축됐습니다. 미리 만들어진 프로그램과 이를 구동하기 위한 시스템으로 이루어져 있지요. 컴퓨터는 인간의 뇌와 다르기 때문에, 이런 시스템에 의존하기만 해서는 인간의 뇌는 퇴화하기 마련입니다. 뇌와 컴퓨터 연구로 널리 알려진 마츠모토 겐 박사는 '뇌를 닮은 컴퓨터'를 만들어야 한다고 주장한 바 있습니다. 전 너무 일찍 찾아온 그분의 말년에 직접 뵐 기회가 있었는데요, 컴퓨터 개발에 관련된 연구를 하고 계심에도 불구하고 인터넷 메일도, 워드프로세서도 일절 쓰지 않는 것이 인상적이었습니다. 언제나 아름다운 펜글씨로 직접 편지를 쓰시고, 급한 용건이 있을 경우에는 속달로 보내 주셨지요. 마츠모토 박사의 경우, 연구에 있어서의 사상이 실생활과 연결되어 있었습니다.

안타깝게도 저 역시 지난 30년 가까이 워드프로세서로 글을 쓰고 있습니다. 검색 사이트의 정보를 그대로 복사해 붙여 넣는 건 아무래도 피하고 있지만, 이 책을 쓰기 위한 정보는 데이터베이스에 접속해 논문을 다운받거나 책을 통신판매로 주문하는 등의 방식으로 모았지요. 30년 전쯤, 제가 석사 과정 학생이었을 무렵에는 학술지에 논문을 투고하기 위해 타자기를 툭툭 두드려 가며 원고를 쓰고, 틀린 부분은 수정액으로 지워서 고치고, 그래프는 전용 펜과 자를 이용해 직접 그리고, 곡선을 그리기 위해 구름 모양 자 같은 도구까지 사용했습니다. 그런데 지금은 원고를 워드프로세서로 쓰고, 그림도 PC로 그리고, 출판사에 메일로 보냅니다. 그리고 학술지에 논문을 투고할 때는 잡지 사이트에 같은 방식으로 작성한 원고와 그림을 첨부하는 것이 당연한 일처럼 되어 버렸습니다.

하지만 저는 성게가 되지 않도록, 가끔은 도서관에서 조사하려 하고 있습니다. "회사원 주제에 이상한 것을 알고 있다"는 말을 듣는 건 낡아 빠진 문고본을 늘 들고 다니고, 시립도서관의 서고 안에서 수십 년 전에 출판된 책을 하루 종일 뒤적거리는 짓을 반복한 덕분이라고 생각합니다.

대뇌를 활성화하는 스마트폰

인터넷의 발전이 인간의 뇌에 어떤 영향을 미치는 것은 안토니오 다마지오 박사나 라마찬드란 박사 같은 대뇌 생리학자도 지적한 일입니다. 하지만 구체적으로 어떤 일이 일어나느냐까지는 자세히 밝혀지지 않았습니다.

최근 인터넷이 뇌에 미치는 영향에 대한 심리학 논문이 늘었습니다. '좋지 않은 영향'을 시사하는 것들이 눈에 띄지만, 반대로 스마트폰의 액정 터치 동작이 기존 휴대전화를 사용하던 때보다 뇌를 더 넓게 활성화한다는 연구 결과도 보고된 바 있습니다.[114] 엄지, 검지, 중지, 각각의 손가락으로 스마트폰을 사용할 때의 뇌파 활동을 조사해 본 결과 어느 경우도 휴대전화를 사용했을 때보다 대뇌의 더 넓은 영역이 활성화된 것입니다. 또 스마트폰의 이용 빈도가 높을수록 활성화 영역도 넓어진다는 것이 확인됐습니다. 이는 스마트폰의 사용에 의해 대뇌의 감각 처리 기구가 바뀐다는 것을 의미합니다.

전자 서적도 그렇습니다만, 손으로 페이지를 넘기는 동작은 종이책이 일반적이 된 이래 정보를 얻기 위한 기본적인 동작의 자리를 차지하고 있습니다. 스마트폰 등의 미디어가 폭발적으로 보급된 이유는 새로운 미디어였기 때문만이 아니라, 수백 년 이상 동안 인간이 정보를 얻기 위해 행해 온 동작을 조작법에 넣었기 때문일지도 모릅니다. 전 이 논문을 읽고 '슬슬 스마트폰으로 바꿀까'라고 생각하기 시작했습니다. 원래 IT 기술 발전을 못 따라가는 데다 그에 대한 비난까지 쓰고 있는 저지만, 아이패드iPad와 아이팟iPod은 사용하고 있습니다. 이 역시 '정보를 얻기 위해 손가락을 움직이는 동작' 덕분일지도 모릅니다.

이런 이유로, 인터넷의 보급이 꼭 인간이라는 종을 몰락시킨다고는 단정지을 수 없습니다. 왜냐하면 수천 년 전에 인류는 인터넷과 마찬가지로 신체 외부에 놓인 기억장치를 발명하고, 이를 통해 문명의 발전을 이끌었기 때문입니다. 그 기억장치는 문자입니다.

문자의 기원에 대해서는 챈기지 박사와 시모죠 신스케 박사 팀이 환경의 패턴으로부터 창조했다는 가설을 세운 바가 있습니다.[115] 이 설에 따르면, 세계에 다양한 문자가 있지만 그 기본적인 구조의 기원은 환경에 존재하는 기하학적인 구조라는 겁니다.

남아프리카의 동굴에서 발견된, 약 7만 5000년 전의 안료는 이미 기하학적 문양에 새겨져 있었습니다.[116] 그 후 언제부터 어떤 과정을 거쳐 문자가 탄생했는지는 모르지만, 어쨌든 인간은 언어를 사용해 의사소통의 용량과 정확성을 획득한 후 언어 정보를 자신의 뇌가 아닌 외부에 기록하는 수단인 문자도 발명했습니다. 이 외부 기억장치가 인간의 문명을 발전시킨 것은 분명합니다.

문자의 발명에 관련된 단편소설 중에 나카지마 아츠시中島敦의

「문자 재앙文字禍」이 있습니다. 등장인물은 약 2600년 전 아시리아 제국의 학자로, 왕의 명을 받아 점토판에 설형문자가 새겨진 '책'을 보관한 도서관에 나타나는 '문자의 영'에 대해 조사하게 됩니다. 그 학자는 문자라는 것을 그다지 좋게 보고 있지 않았습니다. 그는 탄식합니다.

"요즘 사람들은 기억력이 나빠졌어. 이것도 문자의 정기가 벌인 장난이지. 사람들은 이미 글로 써서 남기지 않으면 무엇 하나 기억할 수 없다네."

"이 문자의 정령의 힘만큼 무서운 것도 없다네. 자네나 우리가 '문자를 사용해 글을 쓰는구나' 하고 생각하면 큰 착각일세. 우리야말로 저들 문자의 정령에 혹사당하고 있는 종복이 아닌가."*

그가 어떻게 됐을까. 대단히 시사하는 바가 많은 결말을 맞습니다만, 지금 읽어도 재미있고 흥미로운 작품이므로 스포일러는

---

* 『산월기·제자·이능 외 세 편(山月記·弟子·李陵ほか三編)』, 나카지마 아츠시 지음, 고단샤분코(한국어판:『산월기』 김영식 옮김, 문예출판사)

하지 않겠습니다. 앞의 인용문에서 '문자'를 '컴퓨터'나 '인터넷'으로 바꿔도 통용될 것 같네요.

다만 「문자 재앙」의 주인공이 걱정한 것 같은 문자에 의한 인간의 퇴화는, 적어도 이야기의 무대가 된 아시리아 제국 시대로부터 2600년이 흐른 현재로서는 그다지 눈에 띄지 않습니다. 오히려 문자의 발명은 문명의 발전에 큰 기여를 했다고 말할 수 있을 겁니다.

이렇게 생각하면, 인터넷의 발전이 인간에게 미치는 영향도 수천 년의 시간이 흐르지 않으면 시시비비를 가릴 수 없을지 모릅니다. 하지만 문자로 기억할 수 있는 정보량에 비해 인터넷이 한 사람의 인간에게 안겨 주는 압도적인 정보량은 천문학적 수로밖에 표현이 안 됩니다. 초기의 인터넷으로는 문자 정보만 주고받을 수 있었지만, 지금은 동영상 같은 거대한 정보조차 손가락 하나로 간단하게 받아 볼 수 있습니다. 문자의 발명이 인간에게 영향을 미친 시간에 비교해, 인터넷이 인간에게 미치는 영향은 좀 더 빠른 장래에 드러날지도 모른다고 생각합니다.

피부감각과 개인의 존재

　문자의 발명에 의해 원래는 자신의 뇌에 기록할 수밖에 없었던 정보를 종이 등에 기록해 보존할 수 있게 됐습니다. 또 이렇게 기록된 정보는 세대나 지리적 거리를 뛰어넘어 전해지고 넓게 퍼지게 되었죠. 그 결과 특히 자연과학과 이를 응용한 기술의 영역에서 인간은 폭발적이라고 부를 정도의 발전을 이루어 냈습니다. 과학기술을 경애하는 저로서는, 역사를 긍정할 수밖에 없습니다.

　하지만 특히 과거 100여 년의 역사 속에서 핵무기로 대표되는, 인류 전체를 위험에 몰아넣는 몇 가지의 발명이 이루어진 것은 확실합니다. 히로시마와 나가사키가 불탄 후 과학자를 중심으로 핵무기를 근절하자는 운동이 이어졌고 그로부터 70년, 다행히 전쟁에 의해 핵무기가 다시 쓰이는 일 없이 현재에 도달했습니다. 인간은 가까스로 자신이 만들어 낸 위험을 피할 정도의 지혜는 있는 것 같습니다. 그러나 우리를 둘러싸고 있는 새로운 정보 시스템 환경은 최근 20년 정도의 짧은 시간 동안 극적인 변화를 불러왔습니다.

　선진국에서는 정보기술의 경이적인 발전에 의해 다양한 분야를 철저하게 관리할 수 있게 되었습니다. 이는 신생아, 영유아의 사망률을 낮추면서 평균 수명이 늘어나는 것 같은, 언뜻 우리의 행복으로 연결되는 변화인 것처럼도 보입니다. 그럼에도 불구하고 정보기술에는 좋은 면과 나쁜 면이 있습니다.

예전에는 개인이 자신의 의견을 세상에 알리려면 대형 출판사, 신문사, 텔레비전 등 매스미디어의 도움을 받아야 했습니다. 이 때문에 의견을 세상에 널리 알릴 수 있는 사람은 한정됐지요. 하지만 지금은 인터넷을 통해 한 개인의 발언이 세계를 뒤흔들 수 있는 가능성이 매우 높아졌습니다.

이런 기능은 사회적 약자의 의견이 조직이나 국가에까지 영향을 미치게 할 수 있고, 한때는 사회에서 버려졌던 사람들이 자신의 권리를 주장할 수 있게도 합니다. 이렇게 생각하면 좋은 방향으로 변화한 것 같습니다.

반면, 분명히 반사회적인 의견이 익명성을 존중한다는 명목하에 거대한, 돌이킬 수 없는 규모로 성장할 위험성도 품고 있습니다. 즉, 고도 정보 시스템은 좋은 의미에서든 나쁜 의미에서든 사회 시스템을 예측이 어려운 불안정한 것으로 바꾸어 버렸다는 이야기입니다.

게다가 이 시스템은 시청각 정보, 또는 언어 정보 중심이기 때문에 개인의 의식에 있어 가장 중대한 것이라고 말할 수 있는 피부감각, 또한 이를 통한 정보의 전파가 소홀히 여겨지게 된 측면이 있습니다. 개인은 이름을 갖지 못한 다수의 무리 중 하나가 되고, 통계학적인 정보가 홀로 서기 시작했죠. 크고 강력한 시스템은 소수 의견을 존중하기보다 강인한 관리를 택하기 쉬워졌기에, 시스템의 힘을 늘리는 방향으로 나아가는 것 같습니다.

인터넷으로 대표되는 새로운 테크놀로지가 인간에게 무엇을 안겨 줄 것인가. 그 발전이 너무나도 빠르기 때문에 예상하기 어렵지만, 그곳에서 태어나는 무언가를 제어할 수 있는 지혜를 인간이 가지고 있기를 바랄 뿐입니다. 문자도 언어도 없었던 머나먼 옛날, 인간과 인간을 엮어 주던 피부감각이 어쩌면 깊은 지혜를 가져다줄지도 모릅니다.

인지과학은 오감이 뇌나 심리에 미치는 작용을 연구하는 분야입니다. 세계 곳곳에서 우수한 연구자들이 최신 기술을 구사하며 연구를 진행하고 있습니다. 그러나 그 대상의 대부분은 시각과 청각입니다. 문자나 인터넷으로 대표되는 미디어에서 쉽게 설명할 수 있기 때문이겠죠. 반면 언어로 표현하기 어렵고, 아무리 최

놀라운 피부

신 통신기술을 이용해도 다른 사람에게 전달하기 힘든 촉각에 관한 연구는 아직 부족하다고 말할 수밖에 없습니다. 하지만 3D 스캔, 3D 프린터가 대중화되고 있는 현상을 생각해 봤을 때, 조금만 더 발전한다면 어떤 물체의 표면 형상을 순식간에 여러 사람들과 공유하는 것 정도는 쉬운 일이 되겠죠. 가까운 미래에 촉각 인지과학이 난관을 돌파하게 될지도 모릅니다.

지금까지 기술해 온 것처럼, 인간은 커다란 뇌를 갖게 된 덕분에 도구나 언어, 사회조직을 만들 수 있었습니다. 그 원점에는 피부감각의 존재가 큰 기여를 해 왔다고 저는 생각합니다.

피부감각이 의미 있는 시스템에서는 개인의 존재가 하찮게 여겨질 가능성이 낮을 겁니다. 왜냐하면 시청각 정보 시스템의 바다에 휩쓸려 있더라도, 피부감각은 개인을 자신으로 돌려놓는 기회가 되기 때문입니다. 피부감각만이 개인으로부터 떨어져 홀로 걸을 수 없습니다.

이제, 가끔 멈춰 서서 우리의 선조가 살아왔던 길을 돌아보며 인간에게 있어 최대의 장기인 피부의 의미를 생각하고, 시스템의 본연의 자세에 대해 다시 한 번 검증할 시기가 왔다고 생각합니다.

예술과
과학에
대해

예술과 과학의 인류사

여기서는 우리의 선조가 현대의 '예술', '과학'에 연결되는 것을 창조한 역사에 대해 오래된 것부터 몇 가지 고고학적 발견을 소개하겠습니다.

석기는 수백만 년 전부터 사용됐던 것 같습니다. 침팬지도 가공하지 않은 돌을 도구로써 사용할 수 있습니다. 인류의 도구에 있어서 새로운 진보는, 두 가지 이상의 소재를 엮는 행위라고 생각합니다.

남아프리카 칼리하리 사막에서 발견된 석기는 역삼각형, 또는 물방울 같은 형태로 좌우대칭을 이루고 있습니다. 우라늄 동위원소 비를 측정한 결과 약 50만 년 전의 것으로 밝혀졌지요. 이 석기의 앞부분에는 충격 때문에 얇게 벗겨진 부분이 있습니다. 같은 형태의 복제품을 제작해 창머리에 달아 죽은 영양을 찔러 보았더니 앞부분에 같은 상처가 생겼습니다. 그래서 연구자들은 이 석기가 가장 오래된 창, 다시 말해 석기와 나무 봉을 연결해 만든 최초의 도구일 가능성이 높다고 보고 있습니다.[117]

시간이 흐르면 더 복잡한 데다, 소재의 약학적 성질까지 문자 그대로 짜 넣은 도구가 등장합니다.

남아프리카의 시부두 동굴에서는 골풀과 갈대를 엮은, 매트리스로 추정되는 직물이 발견됐습니다. 가장 오래된 것은 약 7만 7000년 전의 것으로 추정됩니다. 크기는 2㎡쯤입니다. 이와 함께 *Cryptocarya woodii*라는 학명의 나뭇잎도 발견됐습니다. 그런데 이 나뭇잎은 현재도 전통 의술에서 사용되는 것으로, 특유의 향이 있어서 곤충 등을 죽이는 성분을 포함하고 있습니다. 7만 7000년 전부터 우리의 선조는 약용식물을 이용한 것으로 보입니다.[118]

그리고 4만 년 전이 되면 세계 각지에서 동굴벽화가 출현합니다.

놀라운 피부

인도네시아의 술라웨시섬 남부 마로스현의 카르스트 지대의 동굴들에서 발견된 손 모양의 스텐실(벽에 손을 대고 안료를 뿌려 실루엣을 그린 것)은 짧게 잡아도 3만 9900년 전의 것이라는 사실이 밝혀졌습니다. 이 동굴벽화에는 사슴이나 멧돼지의 그림도 있는데, 이들 역시 같은 시기에 그려진 것이라고 밝혀졌습니다. 스페인의 엘 카스티요 동굴의 손 모양 스텐실은 3만 7300년 전의 것으로, 손 모양의 스텐실은 약 4만 년 전 세계적으로 보편적인 습관이었다고 상상됩니다.[119] 손 모양은 동굴벽화에서도 오래된 것이지만, 이들이 동물 그림과 함께 발견된다는 것은 형상적인 그림과 구상적인 그림이 거의 동시에 출현했다는 사실을 보여 줍니다.[120]

손 모양은 지금도 주술적인 의미를 갖는 경우가 있습니다. 북아프리카에서는 집의 대문 등에 손가락 다섯 개를 펼친 그림을 그리는 풍습이 있습니다. '파티마의 손'이라 불리는 것으로, 사람이나 가축을 악으로부터 수호하는 힘이 있다고 합니다.* 손의 기능이 진화하며 뇌의 진화가 시작되고, 이윽고 현생인류가 됐다. 이런 역사의 기억이, 손에 신비한 힘이 있다는 믿음을 부여한 건

---

* 『신체와 몸짓의 인류학 : 신체가 새기는 사회의 기억(身ぶりとしぐさの人類学 身体がしめす社会の記憶)』, 노무라 마사이치 지음, 츄코우신쇼

지도 모릅니다.

인도네시아와 스페인에서 동 시기에 그려진 손 모양은 여성의 것이 아닌가 하는 연구 결과가 있습니다.

현대인을 조사하면 여성은 검지와 약지의 길이가 거의 같은 데 비해, 남성은 약지가 더 긴 경향이 있습니다. 스페인 북부의 엘 카스티요 동굴, 프랑스 남부의 가르가스 동굴 등에 남겨져 있는 1만 2000년~4만 년 전의 손 모양 32개를 현대인을 대상으로 조사한 손가락의 성별 차이 기준에 맞춰 평가한 결과, 24개(75%)가 여성의 손 모양으로 추정된 것입니다.[121] 앞에서 말한 인도네시아의 손 모양도 제가 재어 본 바로는 약지가 검지보다 길지 않았던 것을 보아 역시 여성의 것일 가능성이 있습니다. 손 모양은 아무래도 여성의 것인 것 같습니다만, 그 외의 동굴벽화도 여성이 그린 것일까요? 역사시대 이전의 종교인 샤머니즘에서 주술 등을 담당하는 대표자는 대부분 여성이었다는 것을 생각하면, 자연스러운 일이라고 생각됩니다.

이런 동굴벽화는 그린 사람들이 거주하고 있었다고 추정되는 동굴 입구 부근이 아니라, 쉽게 들어가기도 힘든 깊숙한 곳에 그려져 있는 경우가 많습니다. 이 점에 대해 미술사 학자인 키무라

시게노부木村重信 박사는 이렇게 적었습니다.

"벽화가 거주에 사용되는 동굴의 입구 부근에서는 그다지 발견되지 않는 것은 이런 벽화가 거주를 돕는 장식적인 목적으로 그려진 것이 아니라는 점을 시사한다. 분명히 구석기 인류는 이 벽화에 특별한 의미를 부여했던 것이다."*

동굴벽화는 지금의 미술처럼 감상의 대상이 아니라 주술적인 의미를 목적으로 그려진 것이라고 생각하는 쪽이 맞는 듯합니다. 샤머니즘의 원점이 동굴벽화라고 한다면, 벽화의 창작자는 역시 여성이었을지도 모릅니다.

키무라 박사는 또, 이들 벽화가 촉각적이라고 고찰했습니다.

"구석기시대 미술은 주체와 객체와의 충분한 융합에 의해 이루어지는 본질과의 밀접한 접촉이다. (중략) 이는 촉각적이다. (중략) 자아와 외부 세계의 실재 또는 대립에 의거한 미술관이 아니라, 대상에 대한 직접적인 생명의 감동을 바탕으로 이 대립을 뛰

---

* 『미술의 기원(美術の始源)』, 키무라 시게노부 지음, 신초샤

어넘으려 하는 것이 이들 구석기 인류의 예술관이며, 그러므로 흔히 말하는 구상, 추상을 뛰어넘었다."

"촉각이 색채에 대해 아무것도 모르는 것처럼, 시각은 형태에 대해 무엇도 알지 못한다. 촉각은, 그에 의해 우리가 하나의 물체를 감각하는 기관이면서 또한 복잡한 개념의 드넓은 영역을 지배하는 감각이기도 하다. 따라서 그것은 일반적으로 생각되는 것처럼 엉성한 감각이 아니며, 시각의 촉각에 대한 관계는 표면과 물체와의 관계와 같다. 따라서 물체를 표면으로서 보거나, 또 우리가 어린 시절 이후 촉각을 사용해 배워 왔던 것을 우리의 눈을 통해 보면서 생각하는 건 잘못된 것이다. 어떤 형태가 없는 형식의 미는 시각의 개념이 아닌, 촉각의 개념이다."*

현대를 살아가는 인간들도 촉각은 여성 쪽이 민감합니다.[122] 역시 초기 미술을 좌지우지하던 것은 여성이었던 것일까요.

동굴벽화가 미술의 시작이라고 한다면, 흥미롭게도 음악의 기

---

* 『미술의 기원』, 앞과 동일

원으로 여겨지는 유물도 같은 시기인 3만 5000년 전에 출현했습니다.

독일 남부에 있는 홀레 펠스 동굴에서 발견된 독수리 뼈로 만들어진 플루트 파편(10~20㎝)은 원래의 길이가 약 34㎝ 정도이고, 3㎝ 간격으로 구멍 다섯 개가 있습니다. 또한 부는 곳은 V자형으로 파여 있어, 마우스피스 없이도 연주할 수 있었으리라 추정됩니다. 이 플루트는 3만 5000년 전의 것으로, 튀빙겐대학의 니콜라스 코나드Nicholas Conard 박사는 사회조직의 유지 등에 사용되었으리라 추정하고 있습니다. 이보다 오래된 악기로서 보고된 것은 네안데르탈인이 만들었다고 생각되는 슬로베니아의 동굴에서 발견된, 구멍 뚫린 동굴곰의 뼈입니다.[123] 하지만 최근 이 유물이 악기가 아니라는 연구 결과가 나왔습니다. 이 구멍은 맹수가 물어뜯은 상처라고 합니다. 코나드 박사는 앞서 이야기한 플루트를 네안데르탈인이 아닌 현생인류가 제작했다고 생각하고 있습니다.[124]

시간을 좀 더 앞으로 당기면, 죽은 자에 대한 의식 또는 복잡한 주술의 흔적이 나타납니다.

이스라엘에서는 죽은 자를 꽃으로 덮은 가장 오래된 유적이 발견됐습니다. 이스라엘 북부에 있는 라케펫 동굴에서 시체를 매장한 무덤 4개가 나왔는데, 이를 덮은 진흙 위에 식물 형태가 찍혀 있었습니다. 그 형태와 주변의 식생으로부터 판단했을 때 민트, 세이지 등 향이 강한 식물이라는 점이 판명됐습니다. 이 묘지는 1만 1700년~1만 3700년 전의 것으로 밝혀졌습니다. 한때 네안데르탈인의 동굴 매장 장소에서 꽃가루가 발견되어 죽은 자를 꽃으로 전송하는 가장 오래된 예라고 소개되는 경우가 많았습니다만, 지금은 쥐나 다른 동물이 우연히 가지고 들어온 것이 아닐까 하는 목소리가 커지고 있습니다. 하이파대학의 대니 나델Dani Nadel 박사에 따르면 이 네안데르탈인의 '꽃가루' 시기와 이스라엘 동굴 사이에 5만 년 이상의 시간 차가 있고, 그 사이에 죽은 자에게 꽃을 바치는 증거가 발견되지 않았던 점으로 미루어 보아 이번 발견이 죽은 자를 향기로운 꽃으로 감싼 가장 오래된 예로 추정된다고 합니다.[125]

키무라 박사는 매장이라는 풍습에 대해서도 고찰한 바가 있습니다.

"영혼에 관한 의식이 생겨난 것은, 인간이 자신을 관찰하고 자신 내부의 분열을 인정한 결과다."*

죽은 자를 정중히 염하고 매장하는 인간에게는 사후의 세계, 또는 육체가 사라진 뒤에도 남는 혼 같은 것, 그런 관념이 싹텄다고 상상할 수 있습니다. 이를 뒷받침하듯이, 같은 이스라엘에서는 원시종교적 존재라고 할 수 있는 샤먼의 것으로 추정되는 무덤, 그것도 앞서 말한 무덤과 같은 시기의 것이 발견됐습니다.

히브리대학의 레오레 그로스먼 박사Leore Grosman는 이스라엘 북부의 히라존 타크텟 동굴에서 여성(추정 연령 45세)의 무덤을 발견했습니다. 동굴 안에 판 구멍에는 돌이 촘촘하게 깔려 있고 주변은 진흙으로 굳혔습니다. 여성의 유체 주변에는 완전한 형태의 거북 등딱지 50개가 늘어서 있고, 거기에 더해 멧돼지의 앞다리 뼈, 독수리 날개 뼈, 담비의 머리뼈, 현무암으로 만든 그릇 조각들, 들소의 꼬리뼈, 관절로 연결된 인간의 다리뼈가 발견됐습니다. 한편, 같은 시기의 사냥꾼, 전사, 지배자로 추정되는 무덤에서는 일상적인 도구류가 나오는 경우가 많습니다. 이런 점으로 미

---

* 『미술의 기원』, 앞과 동일

루어 보아, 이 여성은 샤먼이었던 것으로 추정됩니다. 이 유적은 유목민의 수렵 채집 문화에서 농경 사회로 이행하던 시기의 것으로 보입니다.[126]

역사시대 이전의 인류 흔적이 모두 남아 있지는 않기 때문에 단언하기는 어렵지만, 예를 들어 야마타이코쿠邪馬台国, 3세기 경 일본에 있던 나라. 중국 위지 왜인전에 기록이 남아 있다의 히미코卑彌呼, 야마타이코쿠를 지배한 여왕가 샤먼이었다고 생각해 본다면, 원시종교 행위로서 예술을 담당하던 이는 역시 여성이 중심이었을지 모릅니다.

~~~~~~ **시스템과 자기애의 딜레마**

"예술이란 건 우리가 일부러 마련한 침대에 몸을 누여 오는 것이 아니다…예술은 그 이름을 입에 담는 것만으로 도망쳐 버리는 것이다…예술이 좋아하는 것은 그 이름을 알리지 않는 것이다. 가장 아름다운 순간은 예술이 그 이름을 잊어버린 때이다."*

---

* 「로잔 아르 브뤼 미술관 리플릿」, 역자 불명

놀라운 피부

'시스템'을 만드는 본능을 가지고 있는 것과 동시에, 인간에게는 분명 자신을 소중히 여기는 본능도 있습니다. 이는 오히려 모든 동물에게 있는 본능이겠지요. '시스템'이 거대해지면 이 원시적인 본능, 자신을 사랑하는 마음과 시스템 간에 알력이 발생합니다.

원숭이 무리에서도 보스의 위치에서 쫓겨난 수컷이 우울함에 시달리다 아사하는 경우가 있을지도 모르겠군요. 하지만 사회나 국가와의 알력 때문에 자신의 명命을 적극적으로 버리는 건 인간만이 하는 행동일 겁니다. 침팬지도 동족을 살해하는 것으로 알려져 있지만, 인간처럼 국가라는 거대한 집단이 수천수만 명의 인간을 한순간에 죽여 버리는 일은 동물 세계에서는 일어나지 않지요.

시스템이 거대해짐과 동시에 폭주를 깨달은 인간들은 더 원시적인 본능, 다시 말해 자신을 사랑하는 본능의 소중함도 깨달았지만 그럼에도 불구하고 시스템을 떠나지는 못합니다. 그 딜레마로부터 예술이 탄생했습니다.

인간은 세계 안의 자신을 의식하기 시작하면서 세계를 알고, 자신은 무엇인가라는 지점에 도달했다고 생각됩니다. 동굴에 동물 그림이나 자신의 손 흔적을 그리는 법을 배운 뒤 작가는 세계의 일부, 자신의 일부를 기록하고 동료와 공유하며 시간을 뛰어넘어 보존하는 기쁨도 알게 되었을 겁니다. 어느덧 언어가 발달하고 신화가 생겨나며, 세계는 무엇인가 나는 무엇인가, 그러한 모색이 시작됐다고 생각할 수 있습니다.

이 중 어떤 것은 예술이 되고, 또 어떤 시도는 과학이 되었습니다. 하지만 둘 다 기원은 같으며, 이들이 엄밀하게 다른 것으로 나뉘기 시작한 것은 예술이 신을 위한 것이 아닌 인간의 기쁨을 위한 것으로 바뀐 르네상스 이후이리라 생각됩니다. 전 동시에, 르네상스기에 예술과 과학이 갈라졌다고 생각하고 있습니다. 이 시대의 예술은 많은 무의식 정보를 품은 것이었겠죠.

최초에 회화나 음악은 신에게 바치는 것이었다고 생각됩니다. 유럽이나 미국에 방문할 기회가 있으면 미술관에 자주 들르는데, 르네상스 이전의 회화는 대부분 성경 속의 이야기를 담은 종교화입니다. 음악도 교회에서 불렀을 것 같은, 신을 찬양하는 노래가 대부분이죠. 저 자신은 기독교에 관한 지식이 거의 없음에도 불구하고, 이들 종교적인 예술에 마음이 끌립니다. 무엇보다 하느님이 봐 주길, 들어주길 바라는 마음으로 예술가가 온 정성을 다한 결과물이니까요. 당시는 아직 '의식'뿐만이 아닌, '신의 목소리'를

놀라운 피부

들고 행동하는 인간이 많았던 거겠죠.

20세기 초, 아프리카의 '예술'이 모딜리아니Amedeo Modigliani나 피카소Pablo Picasso 같은 유럽의 거장 예술가에게 영향을 끼친 이유는, 그것이 '의식'만이 아니라 역시 신에게 바칠 의도를 가지고 있어서 뛰어난 예술가의 마음을 뒤흔들었기 때문이라고 생각합니다.

르네상스기 이후의 유럽에서는 예술은 한동안 인물의 초상화, 정물화, 풍경, 신화 속 장면 등을 통해 세계의 일부를 시공간을 뛰어넘은 존재로서 남기는 것, 또는 세계에 보편적인 것을 발견하는 것에 주력했습니다. 19세기에 은판사진이 발명됨으로써 이 경향은 더욱 강해져, 결국 라파엘 전파前派, 상징주의 회화가 등장하게 되었습니다. 시각에 의한 예술(이야기, 회화, 조각), 청각에 의한 예술(음악)에 비해 후각, 미각, 촉각 예술이 그다지 눈에 띄지 않는 이유는 후자의 생리적 보존이나 재생이 어렵기 때문입니다. 또한 후각, 촉각은 언어로 표현하기도 어려워 기록과 전파에 맞지 않았을 겁니다. 그럼에도 불구하고 피부감각에 관련된 '무의식'은 분명히 미술이나 음악과 연관되어 왔다고 생각합니다.

19세기 말부터 20세기 초에 걸쳐 예술의 전환기가 찾아왔습니다. 세계의 일부를 보존하는 것으로부터 자신의 삶을 시공을 뛰어넘어 각인하는 것, 이런 변화가 일어났다고 느껴집니다. 그 배경에는 뉴턴Isaac Newton 이후에 과학으로 세계를 전부 수식으로 표현할 수 있는 게 아닌가 하는 생각이 퍼져 간 것, 그리고 데카르트René Descartes로 대표되는 한 사람 한 사람의 인간의 존재 의식이 개인의 의식에 따른 것이라는 사상이 조금씩 퍼져 갔기 때문이 아닐까 하고 전 생각하고 있습니다. '신의 목소리'는 전혀 들리지 않게 되고 '의식'만 남았기 때문이겠죠.

이렇게 되면 세계보다 자신의 생각을 표현해 후세에 남기는 것이 중요해집니다. 이런 예술 전환기와 거의 같은 시기에 과학계에서도 통계역학, 양자론, 상대성이론 등 세계를 기술하는 새로운 방법론이 등장한 것은 우연이 아니겠지요.

19세기 말부터 20세기 전반까지 과학계에서는 패러다임의 전환을 맞고, 예술계에서는 '사람에게 보여 주는, 들려주는' 작품의 긴 역사가 끝나, 변해 가는 시간 속에서 자신의 존재를 각인하기 위한 작품을 제작하는 시대가 됐습니다. 회화에서는 빈센트 반 고흐Vincent van Gogh, 음악에서는 구스타프 말러Gustav Mahler가 그 선두에 섰다고 생각합니다.

놀라운 피부

그들은 초기에는 그때까지의 예술 흐름에 맞는 작품을 발표했습니다. 하지만 너무 빨리 찾아온 말년에 들어서는, 자신의 감정을 강하게 나타낸 작품을 발표하기 시작해 이들이 후세의 미술, 음악 흐름의 원류가 되었던 것처럼 느껴집니다. 그들 자신이 '의식'을 전면에 내세운 작품을 발표했다고는 생각하지 않습니다만, 자신의 강한 감정을 표현하기 위해 의도적으로 다양한 기법을 연구, 기획했습니다. 이런 시도가 다음 시대에 영향을 끼쳤다고 생각합니다.

그들 후에, 분주하게 '새로운 기획'을 시험한 예술, 바꿔 말하면 다양한 '의식' 또는 '사상 표현'의 예술 시도가 이어졌습니다. 하지만 이런 흐름은 결국 멈추고 말았습니다.

그 뒤 예술은 작가의 사상 표현이라는, 말하자면 고독한 행위로부터 다시 원래의 목적, 인간과 인간을 이어 주는 것으로 회귀했습니다. 특히 미술과 음악에서는 '피부감각'에 호소하는 시도가 나타난 것처럼 생각됩니다. 이제 그 흐름을 간단하게 살펴볼까요.

예를 들어 고흐의 후기 작품에는 회화의 대상을 표현하는 것이 아닌, 그 대상을 앞에 둔 작가의 마음이 그려져 있는 것처럼 느껴집니다. 뉘넨에 살고 있던 무렵의 고흐는 어두운 색조로 농민의 생활 등을 그렸습니다. 그 후 파리에서 인상파 화가와 우키요에浮世繪, 17~20세기 초에 걸쳐 에도 시대에 유행한 일본의 풍속화로 화려한 색의 판화가 대부분를 알게 된 뒤, 남프랑스 아를 시대에 선명한 색을 해방시켰죠. 아를에서 고갱과 공동생활의 파국, 귀 절단 사건을 벌인 후 생 레미의 정신병원에 들어갔을 땐 유명한 〈별이 빛나는 밤〉이나 〈싸이프러스 나무가 있는 길〉 같이 세차게 물결치며 흐르는 색채로 그린 작품이 탄생합니다. 이들 작품 앞에 서면, 그림을 보고 있는 것이 아니라 고흐의 마음, 감정의 움직임을 직접 대면하고 있는 것 같은 기분이 듭니다. 그리고 마지막을 맞은 땅, 오베르 쉬르 와즈로 간 후에는 그 후의 포비즘(야수파)를 떠올리게 하는 황량한 색채와 필체의 대작을 남기지요.

암스테르담의 고흐 미술관에 흥미로운 전시물이 있었습니다. 오렌지색과 녹색, 보라색 등 화려한 색의 털실이 묶여 들어 있는 작은 나무 상자입니다. 고흐는 이 털실을 서로 엮으며 더 인상적인 색채의 조합을 모색했다고 합니다. 일반적인 고흐의 전기에는, 앞에서 쓴 귀 절단 사건이나 자살 등 광기가 강조된 것이 많습니다. 또 작품도 언뜻 보기엔 감정을 그대로 캔버스에 밀어붙인 듯 보입니다. 하지만 사실 고흐는 더 효과적으로 색채를 표현하기 위해 이런저런 연구에 몰두했던 겁니다.

고흐가 그림 판매상이면서 경제적 지원을 해 준 동생 테오에게 보낸 많은 편지는 오늘날도 쉽게 읽을 수 있습니다.* 그 문장은 안정되어 있어 광기와는 거리가 멉니다. 자신의 작품을 냉정하게 (의식적, 분석적으로) 보고 있죠. 더 우수한 표현을 위해 연구를 아끼지 않습니다. 이런 화가였던 겁니다. 동생이 돈을 보내 줄 때마다 정중한 감사 인사를 보내고, 물감을 보내 달라고 부탁할 때는 굉장히 세심하게 색이나 양을 지정해 놓았습니다. 앞을 내다보고 계획하며 작품을 그렸던 거지요.

또 여기저기에 새로운 작품으로 연결되는 듯한 관찰이나 일본

---

* 『고흐의 편지 : 테오에게 (중·하)(ゴッホの手紙 テオドル宛 中·下)』, J. V. 고흐 지음, 본 겔 편집, 하자마 이노스케 옮김, 이와나미분코(한국어판: 『반 고흐, 영혼의 편지』 신성림 엮음, 예담)

의 우키요에에 대한 찬미가 적혀 있습니다.

"난 오늘 저녁, 정말 멋지고 아름다운 회화적 효과를 봤어. 루아르 강의 바위에 묶인 큰 석탄선이야. 위에서 보면 비에 젖어 반짝반짝 빛나고, 물의 색은 살짝 노란빛을 띤 흰색과 진주색의 어울림, 라일락색의 하늘과 석양의 오렌지색 띠, 길은 자주색. 배 위에서는 더러운 청색과 백색의 옷을 입은 인부들이 오가며 화물을 싣고 있었지. 그야말로 호쿠사이葛飾北斎, 18~19세기의 유명한 우키요에 작가. 물결치는 파도나 강렬한 후지산 그림으로 특히 유명하다 그 자체였단다."*

고흐 이후 화가는 독자적인 표현 방법을 추구하기 시작했습니다. 눈을 어지럽히는 표현을 한 큐비즘, 다다이즘 등을 거쳐 1917년 변기를 〈샘〉이라는 이름으로 전시한 마르셀 뒤샹Marcel Duchamp의 출현을 기점으로, 미술은 인간에게 보여 주기 위한 것으로부터 제작자의 사상을 표현한 것이 되었다고 생각합니다. 바꿔 말하면 〈샘〉은 '무의식'의 요소를 철저하게 배제하고 '이것을 예술이라고 의식해'라며 감상자에게 들이댄 '의식 예술'의 정점

---

* 『고흐의 편지 (중)』, 앞과 동일

놀라운 피부

이라고 생각됩니다. 이 작품의 표현 그 자체는 기존의 미술에 있던 '의식적' 관념을 산산조각 낸 탓에 오히려 통쾌하게 느껴지지만 그 후의 미술에 끼친 영향에 대해서는 뭐라 할 말이 없습니다. 〈샘〉 이후의 현대미술 중 제게 감동을 안겨 준 작품도 많습니다만, 솔직히 말해 유명한 작품이지만 아무 느낌을 받지 못한 것도 있기 때문입니다.

그 후의 현대미술의 한 흐름은 자신을 각인하는 행위가 목적인 것처럼 보입니다. 카와라 온河原溫 씨의 〈날짜〉 시리즈는 그 단적인 예일 겁니다. 캔버스에는 자신이 살아 있는 딱 그때, 화가가 연필을 잡고 있는 날짜만이 그려져 있습니다. 인상적인 시도이지만, 제게는 그 앞에 있는 것이 보이지 않습니다.

한편 다다이즘에서 파생된 초현실주의surréalisme, 쉬르레알리즘는 당시 주목을 모았던 지그문트 프로이트Sigmund Freud의 영향을 받아 무의식을 반영한 예술을 목적해 다양한 방법을 모색하기 시작했습니다. 앙드레 브르통Andre Breton의 『초현실주의 선언』에서는 '의식'이나 '시스템'에 대항해야 한다며 의기양양하게 새로운 미술을 제창하는 기백이 느껴집니다.

"만약 우리의 정신 깊숙한 곳에 표면에 나타나는 힘을 키우는 것 같은, 또는 그것과 싸워 승리를 쟁취하는 것 같은 그런 신비한 힘이 감춰져 있다고 한다면 이 힘을 붙잡아라. 일단 붙잡은 뒤 필요하다면 우리의 이성의 감독하에 두는 것이 무엇보다 도움이 된다."

"내 의도는 일부 사람들에게 퍼져 있는 '불가사의에 대한 혐오'와 그들이 불가사의에 뒤집어씌우려는 비웃음을 규탄하는 것이다. 분명히 말하노니, 불가사의는 늘 아름답다. 어떤 불가사의도 아름답다. 그뿐만이 아니라 불가사의만큼 아름다운 것은 없다."

"어쨌든 생은 주어져 있는 것이라는 사실을, 그리고 살아 있는 인간을 대상으로 하는 한은 표현할 힘이나 재치가 가득한 자신의 생각을 전할 힘에 기대어 본 적도 없는 한 사람의 자립한 인간의 힘이 더할 나위 없이 흥미로운 여러 가지의 반응을 떠안고 있다는 사실을 이해했다. 이런 반응의 비밀은 살아 있는 인간과 함께

놀라운 피부

해서는 달라붙어 버리고 마는 것이리라."*

　여기에 더해, 20세기 후반의 미국을 중심으로 한 예술도 무의식 정보를 수집하는 작업이 아니었을까요?

　요제프 보이스Joseph Beuys는 거대한 펠트나 지방을 이용해 작업한 작품으로 유명합니다. 이것은 제2차 세계대전 중, 독일군 비행사였던 보이스가 적기에 격추당해 야전병원으로 옮겨졌을 때 상처로 지방이 흘러나와 펠트로 동여맨 경험에 근거한 작품이라고 합니다. 죽음에 가까워졌을 때의 피부감각이 작품 제작의 초점이 된 겁니다. 그에게 있어서 펠트는 생명의 근원인 에너지가 머무는 존재, 지방은 에너지를 축적하는 존재였습니다.** 개인적인 일이지만, 저희 아들이 초등학교 3학년 무렵 보이스에게 흠뻑 빠져서 개인전을 보러 가 몇 시간이고 시간을 보낸 적이 있습니다. 실은 저 자신은 당시 보이스를 몰랐기 때문에 '아이에게 한 수 배

---

* 「초현실주의 선언」, 『초현실주의 선언·녹고 있는 물고기(シュルレアリスム宣言·溶ける魚)』, 앙드레 브르통 지음, 이와야 쿠니오 옮김, 이와나미분코(한국어판: 『초현실주의 선언』 황현산 옮김, 미메시스)
** 『요제프 보이스 평전(評伝 ヨーゼフ·ボイス)』, 하이너 슈타헬하우스 지음, 야마모토 카즈히로 옮김, 비쥬츠슈판샤

제7부 • 예술과 과학에 관해   229

운' 꼴이 되었지만, 보이스의 작품에는 쓸데없는 미술사적 지식 같은 건 모르는 소년의 마음을 붙잡는 힘이 있는 것 같습니다.

잭슨 폴락Jackson Pollock은 화가의 붓으로부터 의식을 배제하기 위해 물감을 흘리는 드리핑dripping이라는 기법을 고안했습니다.

앤디 워홀Andy Warhol의 대량생산을 보여 주는 작품군은 제작자의 의식을 교묘하게 감추는 작전처럼 보입니다. 실험적인 작품을 보아도 원래는 성공했던 상업 디자이너였던 워홀의 작품은 색채나 배치가 자연스럽게 보이는 데서 쾌감을 안겨 주는 것인지 저에게는 아름답게 보입니다.

표현의 장을 뉴욕 지하철이나 거리의 벽에서 찾은 키스 해링 Keith Haring이나 장 미셸 바스키아Jean-Michel Basquiat는 원시미술처럼 그려진 자신의 작품을 불특정 다수의 사람에게 공유하는 것이 기쁨이었을 거라고 생각합니다.

일본인 예술가 중에서도 이런 활동으로 국제적으로 알려진 요코오 타다노리横尾忠則 씨는, 자신의 회화에 대해 다음과 같이 말한 바 있습니다.

"회화에서 언어를 배제함으로 회화는 회화다움을 성립해야 하며, 회화가 언어의 힘을 빌리는 것은 회화의 쇠퇴를 의미함과 동시에 육체까지 상실한 느낌이 들지 않을 수 없다. 나는 캔버스를 향해 붓에 자유를 부여하는 순간, 극력 그림 안에서 언어를 방출하고 붓이 자유롭게 달려 나갈 수 있도록 신체성에 모든 것을 맡기고, 내 자신이 육체 감각의 기계가 되기 위해 노력하고 있다."

"그림을 그린다는 것은 머리부터 언어를 일소一掃하는 것과 같다. 조금이라도 언어가 남아 있으면 진정으로 고독해지지 못하는 것이다. 또한 무심해지지 못하는 것이다. 머리부터 일절의 잡념을 제거하고 가능한 한 번뇌로부터 순간이라도 벗어나고 싶은 것이다. 그리고 머리부터 나온 언어가 아닌, 육체가 발하는 언어에만 귀를 기울여 본성 또는 혼의 외침에 답한다. 이것이 내 회화다."*

요코오 씨의 이 말처럼, 본래 회화가 언어 시스템과 대립한다는 사실을 확실히 보여 주는 문장도 없을 겁니다. '언어'를 '의식'으로 바꾸면 앞에서 이야기한 리벳 박사의 예술론이 됩니다.

———

* 『그림의 건너편·나의 내면 : 미완의 여행(絵画の向こう側·ぼくの内側 : 未完への旅)』, 요코오 타다노리 지음, 이와나미겐다이젠쇼

게다가 일본인 예술가 중 세계적으로 유명한 또 한 명의 작가인 쿠사마 야요이草間彌生 씨는 뉴욕에서 제대로 먹지도 못하면서 캔버스 위에 몇만 개의 작은 입자 그물을 그려 갔습니다.

"나에게는 하나하나의 물방울을 네거티브화한 그물망 눈의 한 양자에 집중해 끝없는 우주로의 무한을 자신의 위치로부터 예언하고 측정하고 싶다는 바람이 있다. 어느 정도의 깊은 신비함을 기울여야 무한한 우주의 저편에 무한이 닿을까. 이를 감지하며 한 개의 물방울에 지나지 않은 자신의 생명을 보고 싶다. 물방울, 다시 말해 백만 개의 입자 중 한 점인 내 생명. 물방울의 천문학적 집단이 잇는 하얀 허무의 그물에 의해, 자신들도 타자도, 우주의 전부가 소멸한다는 선언을 이 순간, 나는 하고 있는 것이다."*

시스템의 구성원이 아닌, 독립한 한 사람의 인간으로서 자신과 우주 사이를 파악하고 싶다. 이런 생각이 전해집니다. 원시미술 행위, 그 기억을 쿠사마 씨는 가지고 계신 것처럼 보입니다.

---

* 『무한의 그물 – 쿠사마 야요이 자서전(無限の網–草間彌生自伝)』, 쿠사마 야요이 지음, 신초분코

놀라운 피부

장 뒤뷔페Jean Dubuffet가 제창하기 시작한 아르 브뤼Art Brut, 생의 미술를 모은 미술관이 스위스의 로잔에 있습니다. 여기서는 정규 미술교육을 받지 않은 사람들, 정신장애인, 또는 범죄자 등 사회로부터 격리된 사람들의 작품을 전시하고 있습니다. 즉, '시스템'에 속하지 않는 사람들, '시스템'으로부터 배제된 사람들의 결과물입니다. 그 결과 작가의 대부분은 누군가가 봐 주길 원하거나 칭찬받길 원해서가 아닌, 무의식의 행동으로부터 작품을 제작하고 있습니다. 이들은 굉장한 힘을 가지고 있어서 다양한 미술 운동의 변화 속에서 쇠약해진 현대미술보다 훨씬 감동적입니다. 그들의 작품이 '시스템'에 의존하고 있는 우리를 원래의 개인으로 돌려놓기 때문일까요.

무의식을 뒤흔드는 음악

베토벤Beethoven에서 시작된 '장대한 교향곡'이라는 형식에 대해, 말러는 그 표현력을 온갖 방법으로 거대화했습니다. 말러의 연구자인 드 라 그랑주Henry-Louis de la Grange 씨는 말러의 언어를 다음과 같이 소개했습니다.

"교향곡은 그 안에 우주적인 것을 가지고 있지 않으면 안 되고, 세계나 생명처럼 무언가를 퍼올리는 것이 되지 않으면 안 된다. 이 생명체는 (…) 이음매나 연결 테이프로 얼버무릴 수 있도록 조각나 있으면 안 되는 것이다."[*]

이를 위해 말러는 오케스트라라는 '악기'의 한계에 도전한 것처럼 생각됩니다. 제1번부터 제9번까지의 교향곡을 순서대로 듣고 있노라면 (특히 제5번, 제6번, 제7번) 차례대로 기존의 형식, 악기 구성으로부터 벗어나고 있는 것을 잘 알 수 있습니다. 제5번은 소위 로만파의 곡으로, 감미로운 선율의 제4악장, 화려하고 당당한 최종 악장이 인상적입니다.[**] 사용된 악기도 그 이전의 것과 크게 다르지 않습니다. 하지만 격렬한 리듬으로 시작하는 제6번

---

[*] 『구스타프 말러 : 잃어버린 무한을 갈구하다(Gustav Mahler : A La Recherche De L'infini Perdu)』, 앙리 루이 드 라 그랑주 지음, 후나야마 타카시·이노우에 사츠키 옮김, 소시샤

[**] H. 카라얀(Herbert von Karajan) 지휘, 베를린 필하모닉 관현악단, 그라모폰

은 실로폰, 카우벨, 심지어 커다란 나무망치로 나무 상자 또는 책상을 두드리는 소리까지 들어 있습니다.* 만돌린과 기타가 동원된 제7번은 장조와 단조가 구별되지 않는, 소위 말하는 '무조'의 기색이 떠다닙니다.**

말러는 음향의 효과도 여러 가지로 연구했으리라 상상할 수 있지만, 시각적인 퍼포먼스로서의 연주도 생각한 것 같습니다. 그가 살았던 시대에는 아직 레코드 녹음과 재생이 보급되지 않았기 때문에 음악을 즐기는 사람들은 무조건 콘서트홀에 갈 수밖에 없었습니다.

말러가 최초로 만든 교향곡 제1번 〈거인〉의 피날레에서는 갑자기 호른 연주자가 일어나서 연주합니다. 이는 말러 자신이 악보에 써 넣은 지시입니다. 제가 실제로 본 파보 예르비Paavo Jarvi 지휘, NHK 교향악단의 연주에서는 갑자기 여덟 명이 벌떡 일어섰습니다. 이야기와 관계는 없지만, 실제로 보면 당당하고 화려한 피날레의 기분을 더욱 높여 주더군요.

---

* H. 카라얀 지휘, 베를린 필하모닉 관현악단, 그라모폰
** L. 번스타인(Leonard Bernstein) 지휘, 뉴욕 필하모닉, 소니

말러의 영향을 받은 아놀드 쇤베르크Arnold Schonberg는 듣기 위한 음악에서 무조음악의 대표인 12음계 등 방법의 탐색으로 이행해, 작곡가의 '의도'가 직접 표현되게 했습니다. 그리고 쇤베르크의 제자인 존 케이지John Cage에 다다르면 '듣기 위한 음악'은 그 역사의 끝을 맞이했다고 생각됩니다. 유명한 피아노곡인 〈4분 33초〉(1952년 발표)는 피아노를 앞에 둔 '연주자'가 그저 피아노 앞에서 4분 33초간 앉아 있을 뿐입니다. 그 침묵을 음악으로서 의식하라고 듣는 이에게 명하는, 이 역시 의식적 예술의 극치라고 말할 수 있습니다. 그 출현은 흥미로운 것이지만 그 후의 현대음악 대부분이 제게는 어떤 감동도 안겨 주지 않았습니다.

그 중에서도 흥미로운 것은 민속음악에의 심취입니다. 20세기 전반을 대표하는 헝가리 작곡가 벨라 바르톡Bela Bartok은 직접 수집한 헝가리의 민요에서 착상한 작품으로 알려져 있습니다. 음악 그 자체의 아름다움, 긴장감이 느껴지기 때문에 제가 좋아하는 작곡가 중 한 사람입니다.

20세기 구소련의 작곡가 세르게이 프로코피예프Sergei Prokofiev나 드미트리 쇼스타코비치Dmitrii Shostakovich, 사망한 이고르 스트라빈스키Igor Stravinsky는 리듬을 강조한 작품이 많은 것으로 생각

놀라운 피부

됩니다. 유학을 할 무렵 지쳤을 땐 밤에 열리는 콘서트를 보러 갔습니다. 지금도 잊을 수 없는 것이 게오르그 솔티Georg Solti의 지휘 하에 시카고 교향악단이 샌프란시스코에 왔을 때의 연주입니다. 특히, 스트라빈스키의 〈페트루슈카〉. 저에게는 '공감각(글을 보거나 음악을 들으면 색을 느끼는 현상)'이 없다고 생각했지만, 그 연주를 들었을 때는 눈앞의 공간에 반짝이는 무지개색을 느낄 수 있었습니다.

전통악기의 음에 소름이 돋을 정도로 매력을 느끼는 작품은 타케미츠 토오루武満徹 씨의 대표작 〈노벰버 스텝스〉입니다. 이 곡에서는 오케스트라와 더불어 퉁소, 비파를 사용합니다. 안타깝게도 CD로만 들어 봤지만, 그럼에도 불구하고 서구의 오케스트라 음과 격렬한 비파음, 베어 내는 듯한 퉁소음이 겹쳐지자 이상한 긴장감을 느낄 수 있었습니다.*

타케미츠 씨의 에세이에는 비파나 샤미센의 '사와리さわり, 비파·샤미센의 독특한 음색을 내는 구조 이름. 사와리는 '촉감'이라는 의미도 가지고 있다'에 대해 흥미로운 기술이 있습니다.

---

* 〈레퀴엠〉, 오자와 세이지 지휘, 사이토 키넨 오케스트라, 1989년 녹음, 필립스

"비파의 '사와리'는 악기의 목(넥) 일부에 상아가 깔려 있고 그 위를 4~5개의 현이 덮고 있는 것입니다. 상아 부분을 잘라 작은 도랑을 만들고, 그곳에 현을 놓아 퉁기면 (중략) 상아 도랑에 현이 닿으며 빙 하는 잡음 섞인 음을 내지요. '사와리'라는 말에는 '다른 것에 닿다'라는 뜻이 있습니다. '사와리'는 비파라는 악기의 일부를 가리키는 호칭에 지나지 않지만, 그 단어에서 일본인의 미의식을 알 수 있는 것과 동시에, 매우 넓고 깊은 의미가 숨겨져 있는 것처럼 생각됩니다."*

"사와리라는 독특한 미적 관념도 원래는 '다른 것이 닿는다'로부터 탄생한 것으로, 예를 들어 샤미센의 사와리(의 음색)는 서양 근대 악기에서 다른 악기와 엄격하게 구별하기 위해 탄생한 고유의 음색과는 대조적으로 모든 것을 품으려는 과정에서 탄생한 음색인 것이다."**

---

* 「동쪽의 소리·서쪽의 소리 – 사와리 문화에 대해(東の音·西の音–さわりの文化について)」, 『타케미츠 토오루 에세이선 : 언어의 바다로(武満徹 エッセイ選 言葉の海へ)』, 타케미츠 토오루 지음, 치쿠마가쿠게이분코
** 「피부의 문화(肌の文化)」, 앞과 동일

가믈란의 음에 대해 이야기할 때 소개한 오하시 츠토무 박사(야마시로 쇼지)에 따르면 피아노는 각각의 순간에 한 주파수의 음만 낼 수 있습니다. 반면 퉁소나 비파는 연주 중에 순간적으로 다양한 주파수의 음을 동시에 낼 수 있다고 합니다. 타케미츠 씨가 말한 '사와리'도 이런 복잡한 음을 내기 위한 거겠죠. 이런 음은 자연계에서는 당연합니다. 시냇물이 졸졸 흐르는 소리, 숲의 나뭇잎이 흔들리는 소리도 이런 복잡한 구조를 가진 음이라고 합니다. 그리고 이러한 전통적인 악기의 음이 피부를 통해 우리의 무의식을 움직이는 거지요.*

타케미츠 씨의 인상적인 말을 또 하나 소개합니다.

"서로 다른 목소리가 무한히 메아리치는 세계에서 사람은 각각 유일한 목소리를 듣기 위해 노력한다. 목소리라는 건 아마도 우리의 내면에서 어렴풋이 흔들리고 있는 그 어떤 것을 불러 깨우기 위한 시그널(신호)일 것이다. 아직 형태를 갖추지 못한 마음속 목소리는 다른 목소리(신호)에 이끌려 마침내 확실한 자신의 목

---

* 『소리와 문명음의 환경학, 그 시초(音と文明音の環境学ことはじめ)』, 오하시 츠토무 지음, 이와나미쇼텐

소리가 되는 것이다."*

음악이 인간에게 주어진 이래, 음악의 본질을 설명한 문장이라
고 생각합니다.

~~~~~~~~~~   **시스템과 각각의 문자**

소설이나 시의 기원도 역시 종교적인 것이라고 생각됩니다. 먼
저 신화가 태어나고, 그 이야기꾼이 이윽고 구전 이야기로부터
시나 소설을 탄생시켰다는 거지요. 오래된 문자 작품은 모두 서
사적인 이야기였습니다. 메소포타미아에서는 길가메시 영웅담
이 태어났고, 그리스에서는 오디세우스의 방랑기가 서사시로 만
들어졌으며 중국에서는 『사기』, 일본에서는 『고사기』가 시작되어
이윽고 「헤이케모노가타리平家物語, 가마쿠라 시대의 영웅 서사기」가 탄생
했습니다.

---

* 『어두운 강의 흐름에(暗い河の流れに)』, 앞과 동일

세계의 문자 역사를 죽 살펴보았을 때, 서사시적 세계로부터 근대문학으로 이어진 한 사람의 인간의 이야기를 탄생시킨 것은 일본인이라고 해도 좋을지 모릅니다. 「타케토리모노가타리竹取物語, 대나무에서 탄생한 카구야 히메가 달로 돌아가는 일본의 오래된 전래동화」, 「겐지모노가타리源氏物語, 겐지의 화려한 여성 편력을 다룬 여성 문인의 소설」 등은 가장 오래된 소설에 속해 있겠지요. 또 『만요슈萬葉集, 7~8세기에 만들어진 일본에서 가장 오래된 노래집』는 각 개인의 마음을 다양하고 많은 작품의 주제로 다룬다고 생각합니다.

도쿄대학 명예교수인 사사키 겐이치佐々木健一 박사는 네덜란드에 머무르고 있을 때 자신은 만개한 벚꽃에 둘러싸여 그 아름다움에 흠뻑 빠져 있는 것에 반해, 네덜란드 사람들은 벚꽃에 눈길 하나 주지 않고 화단의 꽃에만 애정을 기울이는 것을 보고 일본인과 서양인의 미에 대한 감성이 다른 게 아닐까 하고 느꼈습니다. 그리고 일본적인 감성을 나타내는 단가短歌, 와카和歌. 일본 고유의 짧은 시로서 다음과 같은 글을 들고 있습니다.

"본다면 마음도 그리 되겠지. 가는 들판의 참억새 빛나는 달."
(『사이교보우시 노래집西行法師家集』, 555번)

"기요미즈를 향하는 기온의 거리 벚꽃은 달밤에 빛나고 지나는 사람들마저 아름다워."(요사노 아키코与謝野晶子)

그리고 사사키 박사는 다음과 같이 쓰고 있습니다.

"(서양적인 감성이) 세계에 거리를 두고 명석 판명한 상을 엮으려는 데 비해 일본적인 감성은 직접적인 접촉감을 추구한다. (중략) 일본적 감성의 기조로서 촉감성이라는 것을 들 수 있다. 이 경우 촉감성이라는 것은 피부를 통해 외부의 세계를 느끼는 원래의 의미뿐만 아니라 대상이나 세계의 상이 마음에 달라붙는 것, 또한 자연계 내부의 사물과 사물이 접촉하는 것도 포함한 넓은 의미다."*

한편 유럽의 문학 흐름을 보면, 시스템과 인간에 대해 처음으로 강한 메시지를 제시한 것은 도스토옙스키Dostoevskii일 겁니다. 특히 후기의 『악령』에는 인간이 본래 가지고 있어야 하는 생물

---

* 『일본적 감성 : 촉각과 비킴의 구조(日本的感性 触覚とずらしの構造)』, 사사키 젠이치 지음, 츄코우신쇼

놀라운 피부

학적 도덕성, 즉 뚜렷한 이유도 없이 사람을 죽여선 안 된다는 생각을 아주 쉽게 마비시키는 과정이 그려져 있습니다. 『악령』을 읽으면 그 후 20세기에 걸쳐 일어난 다양한 참극, 아우슈비츠부터 컬트 종교 집단의 폭주까지 모두 예언한 것처럼 느껴집니다. 이 소설을 읽은 사람은 컬트 교주가 그려 내는 하찮은 이야기에 속아 넘어가서 범죄에 발을 들이는 일은 없을 겁니다.

게다가 『카라마조프의 형제』에서 무신론자인 이반 카라마조프가 들려주는 '대심문관' 이야기에는 인간에게는 개인의 사랑보다 오히려 시스템이 질서유지를 위해 꼭 필요한 것은 아닐까 하는 무서운 사상이 설득력을 가지고 제시되고 있습니다.

이반의 이야기에서는 15세기 경, 세빌랴의 거리에 그리스도가 출현해 기적을 일으킵니다. 이를 알게 된 기독교의 이단 심문관은 곧바로 그리스도를 체포해 감금합니다. 그리고 이렇게 이야기하지요.

"인간이라는 가엾은 생물의 노고는 내 나름대로 아니면 다른 누군가의 나름대로 (중략) 만인이 신앙하고 만인이 다 함께 무릎을 꿇을 수 있는 그런 대상을 찾기 때문이지. 이러한 공통적인 숭

배의 요구야말로 세상이 시작된 그날부터 개개의 인간 및 전 인류의 가장 근본적인 고민거리가 되어 왔다. 숭배의 공통성이라는 것 때문에 사람들은 서로 칼을 휘두르며 싸워 왔어."*

   그리고 심문관은 "나는 내일 너를 화형에 처하겠다"고 그리스도에게 선고합니다.

   더해서 카프카Franz Kafka, 아베 코보安部公房 등도 시스템이 일으키는 광기, 또는 시스템에 의존할 수밖에 없게 된 인간을 그리고 있다고 전 해석합니다. 오로지 기묘한 처형 장치를 유지하는 것만으로 자신의 인생 가치를 나타낼 수밖에 없게 된 장교가 장치의 의의를 보여 주기 위해 스스로 장치에 몸을 들이미는 『유형지에서』, 모래 속에서 생활하는 집단에 사로잡힌 중학교 교사가 몇 번이고 탈주를 시도하는 사이에 자신의 발명을 바치기 위해 집단에 남을 것을 결의하는 『모래의 여자』 등에서 이를 엿볼 수 있습니다. 『유형지에서』에서는 처형 장치가 피부를 상처 입히는 묘사가 나오고, 『모래의 여자』에서는 모래의 촉감이 집요하게 묘사되

------

* 『카라마조프의 형제』, 김학수 옮김, 범우사, 1995.

놀라운 피부

어 있습니다. 시스템에 휩쓸리는 인간이 마지막으로 갈구하는 것이 피부감각이라는 견해도 가능할 것 같습니다.

이 소설들은 시스템과 인간의 심각한 관계를 조명하는 중요한 작품이라고 생각합니다. 한편으로는 개인으로서의 인간의 가치를 그려 내는 소설도 읽고 싶어집니다.

시스템 안에서 인간을 개인으로 되돌리는 것은 촉각입니다. 그리고 촉각이 중요한 의미를 갖는 연애는 시스템으로부터 개인을 해방, 또는 전락시킵니다. 이런 의미로 제가 깊은 흥미를 가지고 있는 '3대 연애소설'은 톨스토이Leo Tolstoy의 『안나 카레니나』, 나카가와 요이치中河与一의 『하늘의 박꽃』, 그리고 나보코프Vladimir Nabokov의 『롤리타』입니다. 플라토닉러브의 극치인 듯한 이야기 『하늘의 박꽃』과 '롤리타 콤플렉스(로리콘)'라는 단어를 낳은, 변태성욕자의 이야기로 생각되는 『롤리타』를 나란히 놓는 것에 이견을 표할 분도 있을 것 같습니다만, 전 두 작품 모두에서 사회적 도덕이라는 시스템으로부터 벗어나고 그런 자신을 긍정하는 공통된 사상을 느낍니다. 어느 작품에서도 주인공은 세상의 평균보다 훨씬 높은 교양과 분별을 가지고 있는 사람들이지만, '길을 벗어난 사랑'에 의해 파국으로 치닫거나 인생이 휘둘리게 됩니다.

비극적인 이야기지만 개인으로서의 인간의 가치에 인생이나 생명까지 바친 작품으로서 감동을 받습니다.

작가인 나시키 카호梨木香步 씨는 예전에 저의 졸저『피부감각과 인간의 마음皮膚感覚と人間のこころ』의 서평에 다음과 같은 글을 남겼습니다.

"피부감각은 개인을 강하게 의식하게 하면서도 자신과 타인의 결합을 목적으로 하는 성적인 접촉 – 생명의 탄생에 직결됨 – 에 꼭 필요한 존재라는 것은 감회가 깊다."[*]

시스템 속의 인간을 개인으로 되돌리고 그렇게 개인으로 되돌아간 사람끼리 새로운 생명을 품으려 하는, 인간 존재의 근원이 되는 이런 일련의 작업에 피부감각은 꼭 필요합니다.

---

[*] '생명을 만들어 내는 피부(生命をかちづくる皮膚)',《나미(波)》, 2014년 2월호, 신초샤

놀라운 피부

과학도 시작은 주술적인 것이었다고 추정됩니다. '자신'이라는 의식이 태어날 무렵부터, 이에 대항해 세계의 이치를 알고 싶다는 욕구가 생겨났습니다. 처음에는 신화도 철학도 예술도, 그리고 현대에는 자연과학으로 여겨지는 것도 혼연일체였습니다. 유럽 문화에서 자연과학이 독자적인 체계를 갖추기 시작한 것은 르네상스기로 보입니다. 무엇보다도 뉴턴이 연금술 연구를 했다는 이야기를 봐서는 한동안 주술적인 그림자를 떨쳐 내지 못했던 것 같습니다.

하지만 예술에 비해 과학은 더 빨리 의식에만 의거한 것으로 바뀌었습니다. 뉴턴이나 라이프니츠Leibniz에 의한 고전역학의 확립은 인간의 의식만으로 세계를 기술할 수 있다는 생각을 안겨 주었죠. 결정적이었던 건 앞에서 말한 데카르트의 출현입니다. 객관적인 관측이 전부라는 철학은 개인의 무의식 등을 철저하게 배제하고 관측자의 의식만으로 자연과학을 기술할 수 있도록 했습니다. 이것이 붕괴된 것은 20세기 초엽 양자역학이 성립하면서부터입니다. 하이젠베르크Heisenberg의 불확정성 원리는 전자 같은 소립자의 상태를 확률로만 표현할 수 있다고 단언하며 관측자의 의식이 관여하지 않는 존재를 보여 주었습니다.

그 뒤 소립자물리학은 통계역학의 방법을 도입해 새삼 의식을 말소해도 성립하는 과학이 되었습니다. 또한 날씨 등으로 대표되는 거시적 현상에의 과학적인 접근 중에는 비선형 과학이라는 새로운 과학 분야가 −여기에는 카오스, 복잡계, 또는 프리고진 박사가 주창한 비평형계 화학 등이 포함됩니다만− 관측자의 의식만으로 세계의 전부를 표현할 수 있으리라는 희망을 산산조각냈다고 생각합니다.

여기서 비선형 과학에 대해 설명하겠습니다. '선형'이 아닌 것이 '비선형'입니다. 선형은 덧셈이 가능한 현상입니다. 예를 들어 1개 100엔의 사과를 3개 사면 300엔이 됩니다. 이것이 '선형'이죠. 하지만 1 cc 의 물을 줬더니 2 cm 자란 무싹에 다시 1 cc 의 물을 준대도 2 cm 더 자란다는 보장이 없습니다. 이런 관계가 '비선형'입니다.

바꿔 말하면 어떤 과정을 통해 발생한 현상이 이 과정의 진행을 빠르게 하거나 느리게 하는 구조를 내장한 기구가 비선형 기

놀라운 피부

구라고 말할 수 있습니다.* 이 설명은 어렵기 때문에, 다시 무싹으로 돌아가겠습니다.

막 발아한 무싹에 물 1cc를 줬더니 2cm 자랐습니다. 무싹이 자라는 과정이 진행된 겁니다. 자란 무싹은 어느덧 쌍떡잎을 내밉니다. 이것이 과정의 결과입니다. 쌍떡잎을 내민 무싹에 다시 물 1cc를 주어도, 잎의 성장에 물이 쓰이기 때문에 줄기가 2cm 더 자랄 수 있다는 보장이 없습니다. 즉, 최초의 물 1cc로 쌍떡잎이 나는 결과가 발생하고, 이 결과가 다음에 이어지는 물 1cc를 주면 2cm 자라는 과정을 방해한 거지요.

날씨나 경제 같은 현상도 결과가 그 현상에 작용합니다. 오늘 아침 비가 내린 결과 대기의 상태가 바뀌게 되었습니다. 이 결과는 전선의 움직임 등에 작용해 내일 이후의 날씨에도 영향을 미치겠죠. 어떤 기업이 획기적인 신제품을 발표했습니다. 그 결과로 기업의 주가가 올랐죠. 라이벌 기업의 주가는 내려가고요. 라이벌 기업은 이 신제품에 대항하는 제품의 개발에 투자합니다. 이런 다양한 결과가 빚어 내는 복잡한 상황이 그 후의 경제에 영향을

---

* 『새로운 자연학 : 비선형 과학의 가능성(新しい自然学 非線形科学の可能性)』, 쿠라모토 유키 지음, 이와나미쇼텐

미칠 겁니다. 그래서 예측은 어렵거나 또는 불가능한 경우가 많습니다. '기상예보'나 '주가 변동' 예측이 빗나가는 건 어쩔 수 없는 일입니다. 그런데 우리 생활 주변에 있는 대부분의 현상이 비선형입니다. 그 의미로 비선형 과학은 오히려 익숙한 현상을 다루는 과학이라고도 할 수 있습니다.

예측이 어려운 비선형 현상도 컴퓨터 시뮬레이션의 발달에 따라 어느 정도는 예측할 수 있게 되었습니다. 그 결과 비선형 과학은 지금까지 완전히 다른 체계였던 자연과학과 사회과학을 함께 연구 대상으로 삼을 수 있는 길을 열었습니다. 저도 2010년부터 국립연구개발법인 과학기술진흥기구의 프로젝트 CREST의 멤버로서 피부를 수리 모델과 컴퓨터 시뮬레이션으로 연구하는 계획에 참가하고 있습니다. 재미있게도 제 연구는 아직 생리학의 주류로 있는 분자 생리학자, 생화학자에게는 이해받지 못하는 경우가 많지만 수리 경제학, 마케팅 등의 교육을 받은 소위 '문과계' 사람들에게는 오히려 잘 이해받는 편입니다.

저는 자연과학, 실험과학이 가장 공평한 지식 체계라고 믿고 있습니다. 하지만 모든 것을 자연과학으로 설명할 수 있다는 사고방식은 인간의 오만이라고 생각합니다.

놀라운 피부

전 원래 과학 중에서도 수학의 신비함에 매료됐습니다. 안타깝게도 수학을 전공해 생활할 수 있을 만한 재능은 없었기 때문에 어디까지나 방관자로서 동경하고 있을 뿐이지만, 수학의 신비함에 대해서는 여기저기에 말하고 다니고 있습니다. 수학은 눈에 보이지 않는 소립자나 우주의 기원에 대해 설명할 수 있습니다. 시시한 신비 현상보다 훨씬 신기합니다.

게다가 전 인간에게 있어 수학은 특수한 능력을 가진 인간만이 노력해서 도달할 수 있는 것이 아니라 우리의 뇌에 보편적으로 존재하는 기능이라고 생각합니다. 뛰어난 수학자, 물리학자는 이 보편적인 능력을 논리적인 기호, 예를 들어 숫자나 방정식처럼 눈에 보일뿐더러 다른 이와 공유할 수도 있는 방식으로 표현하는 능력을 가진 인간이라고 생각합니다.

수학은 자칫 어렵다고 여겨지는 경우가 많습니다. 하지만 그 핵심은 인간에게 보편적으로 내재된 '유기 시스템'에 있는 건 아닌가 하고 생각합니다.

어느 날, 피타고라스Pythagoras는 대장간에서 울리는 망치 소리 속에 서로 어울리며 듣기 좋게 울려 퍼지는 음이 있다는 사실을 발견했습니다. 처음에는 대장장이 각각이 망치를 내리치는 세기가 다르기 때문이라고 생각했죠. 하지만 망치를 이리저리 바꿔 쥐며 내리치게 한 결과 음의 높이는 힘의 세기 차이가 아닌 망치의 무게 차이에 따른 것이라는 사실을 알게 됐습니다. 그리고 조화로운 음을 만드는 망치 네 개의 무게 비는 12:9:8:6을 이룬다는 사실을 발견했지요. 여기에는 12:6=2:1, 9:6=3:2, 8:6=4:3이라는 가장 조화로운 음정 관계가 숨어 있던 겁니다.*

올리버 색스Oliver Sacks 박사의 「쌍둥이 형제」**에는 신기한 예시가 나옵니다. 지적장애가 있어 간단한 덧셈, 뺄셈도 제대로 하지 못하는 쌍둥이 형제가 있었습니다. 어느 날 박사는 그 쌍둥이 형제가 6자리의 숫자를 서로 대화하듯이 주고받는다는 사실을 깨달았습니다. 대체 무슨 숫자일까, 수학 관련 책을 이리저리 조사한 결과 쌍둥이가 주고받고 있던 것은 소수라는 것을 알게 됐습니다. 소수는 1과 자기 자신으로만 나눠지는 숫자입니다. 3, 5, 7, 11, 13 등이죠. 수가 아무리 커져도 소수는 존재합니다(적어도 현

---

* 『중세 음악의 정신사 : 그레고리오 성가에서 르네상스 음악으로(中世音楽の精神史 グレゴリオ聖歌からルネサンス音楽へ)』, 카나자와 마사카타 지음, 고단샤센쇼메티에

** 『아내를 모자로 착각한 남자』, 올리버 색스 지음, 타카미 고로·카나자와 야스코 옮김, 쇼분샤(한국어판: 『아내를 모자로 착각한 남자』, 조석현 옮김, 알마)

놀라운 피부

대수학의 이해 범위 안에서는). 박사는 소수만 기록된 소수표를 보면서 쌍둥이 형제에게 다가가 시험 삼아 8자리 소수를 읊어 보았습니다. 그러자 잠시 후 쌍둥이 형제 중 하나가 다른 9자리 소수를 말했습니다. 그것을 들은 다른 한 명이 역시 또다른 9자리 소수를 말했습니다. 현대수학으로도 법칙이 밝혀지지 않은 소수를, 그것도 6자리나 9자리라는 큰 수를 간단한 계산도 못하는 쌍둥이가 망설임 없이 정확히 지적할 수 있는 것을 보면 우리가 의식이라고 표현하는 뇌의 활동보다 더 깊은 부분, 사실은 보편적으로 인간이 가지고 있는 뇌의 현상에 현대수학을 뛰어넘는 신비가 숨어 있다고밖에 생각할 수 없습니다.

이 책의 제1부 '경계에 존재하는 지능'에서 세포가 옆 세포와 이루는 관계를 통해 많은 세포가 얽히는 움직임이 발생한다고 이야기했습니다. 우리의 뇌 깊은 곳에 있는 다양한 능력도 그 기본은 세포와 세포의 '대화'입니다. 그 수가 막대해지면 수학이나 물리학처럼 아주 작은 소립자의 현상, 또는 우주의 탄생 과정 같은 많은 문제까지 논하고 예견할 수 있다는 것은 언뜻 신비해 보이지만, 비선형 과학의 발전과 함께 조금씩 이해하게 될 수 있지 않을까 하고 상상해 봅니다.

이렇게 쓰면 인간의 지성, 창조력의 위대함이 퇴색된다고 생각할 수도 있을 겁니다. 하지만 이런 구조의 일부를 이해할 수 있게 됐다고 해도 인간의 창조적 행위의 가치가 떨어지는 것은 아닙니다. 고흐의 작품에 쓰인 물감 빈도나 분포, 조합을 표로 만들어 보여 준다고 한들 그 작품의 감동은 그대로일 겁니다. 말러의 교향곡 악보를 분석해 다양한 통계적 숫자로 나타낸다고 해도 음악이 전해 주는 감명은 변함이 없을 것입니다.

또한, 과학 자체가 앞으로 나갈수록 지금까지는 생각하지 못했던 다양한 수수께끼, 과제가 떠오르게 되는 학문입니다.

이것도 역시 인간의 기쁨이 아닐까요.

앞에서 인간은 시스템을 만드는 능력을 진화 과정에서 획득했다는 가설을 내세웠습니다. 하지만 인간이 획득한 특성은 그뿐만이 아닙니다. 지금까지 없었던, 또는 누구도 몰랐던 무언가, 아름다운 회화, 감동적인 음악, 의식이 넓게 퍼져 가는 듯한 과학적 발견, 이런 것을 기쁘다고 느끼는 동시에 그 기쁨을 목표로 하는 능력, 그런 지향 의식도 갖게 되었다고 생각할 수 있습니다.

흰개미 집 연구자로서 소개한 스코트 터너 박사는 '예술적 창

　　　　　　　　　　　　　　　　놀라운 피부

조'도 '과학적 창조'도 뇌가 불안정한 상태일 때 탄생한다고 생각했습니다.

"시, 미술, 과학, 정신성은 어느 분야에서든 상상 가득한 반짝임으로 세상을 파악하지만 그 깊은 곳은 그 무엇도 다른 분야와 같은 형태의 창조성을 가지고 있다."

"창조적인 뇌는 불안정한 뇌이므로, 항상성homeostasis이 필요해진다. 새로운 연합은 스트레스를 주는 일이며 뇌의 생태 환경에 혼란을 안겨 준다."

"수학의 증명, 새로운 이론, 회화, 새로운 비즈니스 모델은 모두 세계가 어떤지를 그저 우리에게 알려 주는 것이 아니라, 우리가 세계를 보는 방식에 맞춰 세계를 바꾸는 방법이다."*

'의식'의 주박으로부터 일시적으로 도망쳐 일종의 불안정한 정

---

* 『스스로 디자인하는 생명 : 개미굴부터 뇌까지의 진화론』, 앞과 동일

신 상태로 세계를 바라봅니다. 그러면 지금까지와는 다른, 세계 본연의 자세가 보입니다. 이것이 예술이나 과학에서 일어나는 창조가 아닐까요? 새롭게 창조된 것이 최초에 세간으로부터 불온한 것으로 받아들여지는 일은 새로운 타입의 예술이나 패러다임의 변화를 불러오는 과학적 발견의 역사를 보면 확실하게 알 수 있죠. 그럼에도 불구하고 창조하는 행위는 이를 뛰어넘어서라도 인간을 앞으로 나아가게 하는 힘을 가지고 있다고 생각합니다.

시인 이토 시즈오伊東靜雄의 대표작「우리에게 주어진 애가わが ひとに与ふる哀歌」는 이런 인간의 의지를 노래하는 듯합니다.

태양은 아름답게 빛나고

어느 날은 태양이 아름답게 빛나길 바라

손을 단단히 맞잡고

조용히 우리는 걸어갔다

어쨌든 피어내는 것이 무엇일지라도

우리 안에서

유혹하는 청순함을 나는 믿는다

(중략)

놀라운 피부

지금 우리는 듣는다

우리의 의지의 자세로

그들의 무한히 펼쳐진 드넓은 찬가를

(하략)

　예술과 과학은 원래 주술 또는 종교의 일부였다고 추정됩니다. 하지만 예술, 철학, 사회과학, 자연과학이 각각 다른 체계로 갈라짐으로써 과학은 시스템을 짊어지는 기술 창조를 향한 반면, 예술은 그 시스템이 개인의 존엄을 잊고 독주하기 시작한 때로부터 개인의 존엄을 되찾기 위한 방향으로 향했다고 생각합니다. 다시 말해, '시스템을 위한 예술은 예술이 아니다'라는 정도는 주장해도 되지 않을까 합니다.

　예술도 20세기 초에는 개인의 의식에 너무 집착한 나머지 막다른 길에 들어서고 말았습니다. 이 지점에서 예술은 다시 시작점의 의식으로 돌아가기 위해 피부감각이나 전통적인 예술로 회귀하고 있다고 생각합니다.

　또한 르네상스 이후의 과학도, 초기에는 관찰하는 것과 그 대상을 엄중히 구별하는 데에 중점을 두었지만 결과적으로는 오히려 개인을 관리하는 시스템 제작에 공헌하고 말았습니다. 하지만 비선형 과학의 등장에 의해 부조리로 가득한 현실의 인간이나 집단의 행동을 있는 그대로 과학의 대상으로 삼는 것이 가능해지리라 기대됩니다. 바람직하게는, 과학도 개인의 존엄을 회복하기 위해 발전해 줬으면 좋겠다고 생각합니다.

예술도 과학도, 인간이라는 생물의 깊은 곳에 있는 보편적인 부분에 기원을 두고 있다고 생각할 수 있습니다. 지금껏 말해 온 것처럼, 인간은 태어나면 먼저 피부감각으로 세계를 알기 시작합니다. 또한 인류의 진화를 살펴보면 헐벗은 피부로 피부감각을 되찾은 덕에 뇌의 발달이 시작됐고 피부감각에서 언어가 탄생했으며 피부감각으로부터 원시미술이 출현했습니다. 그리고 지금도 무의식의 영역에서는 피부감각이 우리의 전신이나 마음(감정)에 거대한 영향을 미치고 있습니다. 이런 원초적인 형태로부터 우리가 앞으로 머물러야 할 장소를 찾고 싶다고 생각합니다.

● 맺음말 ●

　지금까지, 인간이 만들어 온 시스템이 짓궂게도 개인을 저해하
는 것이 되어 버린 문제에 대해 생각해 봤습니다. 그렇기는 하지
만 머리말에서 소개한 카진스키의 주장처럼 "(개인이) 자율적으
로 목표를 달성할 수 있는 파워 프로세스"라는 건 대체 무엇일까
요? 예루살렘상의 연설에서 시스템에 대해 발언한 무라카미 하루
키 씨는 옴진리교에 의한 지하철 사린가스 사건의 피해자 인터뷰
를 모은 『언더그라운드』에서, 카진스키(무라카미 씨는 캬진스키라
고 표기)의 주장에 대해 말한 적이 있습니다.

　"캬진스키가 ‐의식적으로든 무의식적으로든‐ 외면하고 있

　　　　　　　　　　　　　　　　　　　놀라운 피부

는 것이 하나 있다. 그것은 '개인의 자율적 파워 프로세스'라는 말
은 원래 '타율적 파워 프로세스'에 맞춰 거울로써 탄생한 말이라
는 점이다. 극단적으로 바꿔 말하자면, 전자는 후자의 레퍼런스
에 지나지 않는다. (중략) 이들이 음양처럼 자율적인 인력에 끌리
고 만나며, 마땅히 가야 할 소정의 위치를 ─ 아마도 시행착오 끝
에 ─ 각 개인의 세계 인식 안에서 나타내야 하는 것이다. 이를
'자아의 객체화'라 불러도 좋으리라. 이것이야말로 즉, 인생에 있
어 진정한 입단식인 것이다."

그리고 무라카미 씨는 지하철 사린가스 사건에서 지하철공사
(당시)의 직원이 위험을 무릅쓰고 승객을 구하기 위해 행동한 일
을 칭찬하며 다음과 같이 말합니다.

"이런 사실을 마주하면 우리 각 개인이 원래 가지고 있어야 할,
자연스러운 '옳은 힘'이라는 것을 믿고 싶어진다. (중략) 우리는
앞으로도 다양한 종류의 위기 사태를 잘 피할 수 있지 않을까 하
고 생각한다. 우리는 이런 자연스러운 신용으로 묶인 소프트를
통해 자발적으로 포괄적인 네트워크를 사회 속에서 일상적인 레

벨로 쌓아 올려가지 않으면 안 된다."

　지금까지 인간이 만들어 온 시스템의 부정적인 측면만 강조해 왔습니다. 하지만 앞의 인용문에 나온 것같이 지하철공사 직원들이 많은 승객을 안전하게, 그것도 각자의 시간에 맞춰 원하는 목적지로 보냈다는 것 역시 인간이 만든 '시스템'입니다. 다만 이것은 카진스키가 말한 것 같은 '자율적인 파워 프로세스'도, 의도적으로 격리되어 닫힌 특정한 집단 안의 시스템도 아니라 사회를 향해 열린 시스템인 동시에 다른 이의 존엄을 바탕으로 생겨난 시스템이기도 합니다. 이런 '열린 시스템'은 앞으로도 우리에게 필요하겠지요.

　우리는 사회적 시스템이 없이는 살아갈 수 없습니다. 그럼에도 불구하고 시스템의 독주를 막기 위해서는, 우리가 가지고 있는 또 하나의 힘인 창조의 즐거움, 감동의 즐거움을 늘 소중히 여겨야 할 것입니다. 이를 저해하는 시스템은 분명히 나쁜 시스템입니다. 시스템이 나쁘다는 것이 확실하면 일단 멈추고 그 시스템을 돌아보세요. 바꾸어야 하는 것은 바꿀 용기가 우리에게 필요합니다.

전 지난 30년간 이어진, 인터넷으로 대표되는 정보공학의 발전은 그 전 수백 년 동안 이루어진 인간 사회에서의 정보 전달 방식의 변화보다 개인에게 끼친 영향이 더 크다고 느끼고 있습니다.

인쇄 기술의 발명으로부터 전파를 이용한 정보기술인 전화나 통신이 시작되고 텔레비전, 위성방송 등이 보급되기까지 이어져 온 역사도 우리 생활을 크게 바꾸어 놓았습니다. 하지만 겨우 사 반세기 전 미국에서 유학하길 원하던 저는 지도 교수와 교신하기 위해 예로부터의 편지를 썼고, 급할 때조차 시차 때문에 팩스를 사용하는 것이 고작이었습니다. 또 21세기 초까지만 해도 자신의 연구 결과를 국제 학술지에 투고하기 위해서는 종이에 프린트한 원고와 그림, 사진을 편집자에게 국제우편으로 보내는 것이 일반적이었습니다. 그런데 지금은, 원고도 그림도 사진도 인터넷을 통해 학술지 홈페이지의 투고란에 첨부하기만 하면 됩니다. 더 이상 종이에 인쇄하는 기존의 잡지를 발간하지 않는 학술지도 있습니다.

개인이 음악이나 동영상을 순식간에 세계 전체에 발신하는 것도 지금은 당연한 일이 되었습니다. 최근에는 개인의 의식을 타인에게 전송하는 연구도 시작됐습니다.[127] 이런 점을 생각하면 머지않아 촉각, 후각, 미각 같은 정보의 송수신도 가능해질 듯합니다. 여러 감각에 기반한 의식을 순간순간 공유할 수 있는 사회가 제가 살아 있는 동안 출현할지도 모르지요.

이런 사회에서 인간이 어떻게 변화할지는 상상하기조차 어렵습니다. 다만 의식이라는, 인간이 가지고 있는 특성을 공유하게 되면 개인 의식의 가치는 극단적으로 말하자면 사라져 버리겠지요. 한편으로는 '관리 시스템'이 개인의 의식까지 자신의 구조 안에 매우 쉽게 가둬 버릴 위험성도 있습니다.

이런 상태에서 개인에게 남겨진 것, 소위 개인의 존엄이라는 것은 의식이 되기 전의 감각, 말로는 표현할 수 없는 감동, 기쁨, 슬픔이지 않을까요? 예를 들어 이런 감동을 초래하는 예술이 인간의 가치를 지켜 주게 되겠지요.

한 인간의 가치에 천착한 작가로서 제가 좋아하는 사람은 2008년 노벨문학상 수상자인 르 클레지오Le Clezio입니다. 그 중에서도 남프랑스 항구 마을의 거리의 소년이 주인공인 단편 「어린 여행자 몽도」는 장편부터 단편까지 아우른 중에서 제가 가장 좋아하는 소설이라고 할 수 있습니다.

르 클레지오의 초기작 『조서』나 『홍수』는 시스템을 이해할 수 없게 된 주인공이 불가해한 것으로밖에 보이지 않는 세계를 배회하는 모습이 여러 에피소드와 함께 복잡한 이야기로 펼쳐집니다. 솔직히 읽기 힘든 소설이었습니다. 하지만 단편집『어린 여행자 몽도』에는 굉장히 쉽게 읽히는 문체로 학교 등의 시스템으로부터 도망쳐 한 사람의 인간으로서 세계를 바라보는 소년 소녀를 묘사한 이야기가 모여 있습니다. 특히 '몽도'는 글을 읽지 못하는 소년이지만 그 덕분에 매우 자유로운 눈으로 거리나 사람들을 바라보는데, 이 점이 살아 있다는 것 자체의 아름다움을 말하는 것처럼 생각됩니다. 몇 번이나 다시 읽어도, 언제나 행복한 기분을 안겨 주는 걸작입니다.

인상적인 장면을 옮겨 써 보겠습니다.

"몽도는 양팔로 무릎을 감싸안고 해변에 앉아 태양이 떠오르는 장면을 구경하기를 무엇보다 좋아했다. 4시 30분 경이면 하늘은 맑은 잿빛으로 물들었고, 바다 위로는 구름만 몇 점 떠 있을 뿐이었다. 해는 금방 떠오르지 않았지만, 밝아지는 불꽃 같은 것이 서서히 솟구칠 때쯤이면 몽도는 수평선 너머에 벌써 해가 와 있음을 느낄 수 있었다. 먼저 창백한 햇무리가 하늘 위로 펼쳐지면 수

평선을 떨리게 만드는 야릇한 진동을 마음 깊이 느낄 수가 있었다. 그것은 마치 무언가를 하기 위해 공을 들이는 것과 같았다."

"몽도는 방파제 위를 걷는 것이 좋았다. 바다를 바라보며 한쪽 블록에서 다른 쪽 블록으로 폴짝 뛰곤 했다. 바람이 오른쪽 뺨을 스치며 머리카락을 온통 한쪽으로만 쏠리게 하는 것을 느꼈다. 바람이 부는데도 햇볕은 매우 따가웠다. 파도가 시멘트 블록 밑을 때리면 물보라가 무수한 빛을 반짝이며 피어올랐다."

"오후가 끝날 무렵의 햇빛은 아주 부드럽고 평온한, 가을 나뭇잎 색이나 사람들을 감싸 주고 아늑하게 만드는 모래같이 따스한 색을 띠고 있었다. 자갈길을 천천히 걸어가면서 몽도는 얼굴을 간질이는 햇빛을 즐겼다."

특히 몽도가 해변에서 일하는 노인으로부터 글자를 배우는 장면이 인상적입니다.

노인은 조약돌 위에 낡은 나이프로 글자를 새깁니다. A, B, C, D···. 몽도에게 O, D는 달, M은 산, N은 사람들이 손을 흔들며 인

놀라운 피부

사하는 것처럼 보입니다.

노인은 묻습니다.

"네 이름이 뭐니?"

"몽도예요."

노인은 글자를 새긴 조약돌을 늘어놓은 뒤, O를 하나 덧붙입니다.

"자, 여기 네 이름이 쓰여 있다."

"야, 예쁘다!"

몽도가 말했다.

"산이 있고, 달이 있고, 초승달에 인사하는 사람이 있고, 그리고 또 달이 있네요. 웬 달이 이렇게 많지요?"

노인이 말했다.

"전부 네 이름에 들어 있는 거란다. 네 이름은 그렇게 쓰는 거야."*

---

* 「어린 여행자 몽도」, 『어린 여행자 몽도』, 르 클레지오 지음, 진형준 옮김, 조화로운 삶, 2006.

몽도의 마음속에서, 우리가 예상조차 하지 못하는 미래에 대한 불안을, 편안하게 가라앉혀 주는 무언가를 느낍니다.

놀라운 피부

●감사의 말●

이 책을 쓰면서 나카다 사토시中田聡 박사, 나카야 마사시仲谷正
史 박사에게 큰 도움을 받았습니다. 다시 한 번 감사의 말씀을 드
립니다. 그리고 이제까지 연구에 함께 참여해 주신 분들, 조언을
주신 분들, 주식회사 시세이도에서 제 연구를 지지해 주셨던 분
들, 국립연구개발법인 과학기술진흥기구의 분들께도 감사를 전
합니다. 마지막으로 이 책의 기획, 구성, 내용 등 여러 방면에 걸
쳐 의견을 주신, 또한 여러모로 힘써 주신 카토 타카히로加藤孝広
님, 그리고 고단샤 제1사업국 기획부의 여러분들께도 감사의 말
씀을 드립니다.

● 참고 문헌 ●

1   Naitoh Y. (1969) *Science* 164:963-965

2   Nakaoka Y. (1987) *J Exp Biol* 127:95-103

3   Walter W. G. (1950) *Science American* 182:42-45

4   Walter W. G. (1951) *Science American* 185:60-63

5   Pfeifer R. & Iida F. (2005) *Japanese Scientific Monthly* 58:48-54

6   Nakata S. (2000) *Phys Chem Chem Phys* 2:2395-2399

7   Nakata S. (2013) *J Phys Chem C* 117:24490-24495

8   Reynolds C. W. (1987) *Computer Graphics* 21:25-34

9   Vicsek T. (1995) *Phys Rev Lett* 75:1226-1229

10   Liu A. G. (2011) *Palaeontology* 54:607-630

11   Roth G. (2013) Coelenterates in: The Long Evolution and Minds. Springer Dordrecht Heidelberg, pp.8-83

12   Robert D. (2002) *Current Opinion in Neurobiology* 12:715-720

13   Hochner B. (2003) *J Neurophysiol* 90:3547-3554

14   Roth G. (2013) Mollusks. in: The Long Evolution of Brains and Minds. Springer Dordrecht Heidelberg, p.94

15   Hochner B. (2006) *Biol Bull* 210:308-317

16   García-Arrarás J. E. (2001) *J Exp Biol* 204:865-873

17   Roth G. (2013) Mollusks. in: The Long Evolution of Brains and Minds. Springer Dordrecht Heidelberg, pp.89-91

18   Shu D. G. (1999) *Nature* 402:42-46

19   Amano T. & Gascuel J. (2012) *PLoS One* 7:e33922

20   Wheeler P. E. (1984) *J Hum Evol* 13:91-98

21   Rogers A. R. (2004) *Curr Anthropol* 45:105-108

22　Lahr M. M. & Foley R. (2004) *Nature* 431:1043-1044

23　Ash J. (2007) *Hum Nat* 18:109-124

24　Marzke M. W. (1992) *Hand Clin* 8:1-8

25　Skinner M. (2015) *Science* 347:395-399

26　Denda M. (1992) *Arch Dermatol Res* 284:363-367

27　Man M. Q. (1996) *J Invest Dermatol* 106:1096-1101

28　Grubauer G. (1989) *J Lipid Res* 30:323-333

29　Denda M. (1996) *Arch Dermatol Res* 288:230-238

30　Denda M. (1997) *J Invest Dermatol* 109:84-90

31　Lee S. H. (1992) *J Clin Invest* 89:530-538

32　Denda M. (1999) *Arch Dermatol Res* 291:560-563

33　Von Zglinicki T. (1993) *Acta Derm Venereol* 73:340-343

34　Forslind B. (1999) *Acta Derm Venereol* 79:12-17

35　Denda M. (2000) *Biochem Biophys Res Commun* 272:134-137

36　Forslind B. (1999) *Acta Derm Venereol* 79:12-17

37　Barker A. T. (1982) *Am J Physiol* 242:R358-366

38　Kawai E. (2008) *Exp Dermatol* 17:688-692

39   Denda M. (2001) *Biochem Biophys Res Commun* 284: 112-117

40   Denda M. (2002) *J Invest Dermatol* 118:65-72

41   Kumamoto J. (2013) *Exp Dermatol* 22:421-423

42   Elias P. M. (2002) *J Invest Dermatol* 119:1128-1136

43   Nakatani M. (2011) *Int J Cosmet Science* 33:346-350

44   前野隆司他 (2005) 日本機械学会論文集 71:245-250

45   Goto M. (2010) *J Cell Physiol* 224:229-233

46   Ikeyama K. (2013) *Skin Res Tech* 19:346-351

47   Caterina M. J. (1997) *Nature* 389:816-824

48   Dhaka A. (2006) *Annu Rev Neurosci* 29:135-161

49   Denda M. (2001) *Biochem Biophys Res Commun* 285: 1250-1252

50   Inoue K. (2002) *Biochem Biophys Res Commun* 291: 124-129

51   Denda M. (2010) *Exp Dermatol* 19:791-795

52   Tsutsumi M. (2010) *J Invest Dermatol* 130:1945-1948

53   Peier A. M. (2002) *Science* 296:2046-2049

54   Chung M. K. (2003) *J Biol Chem* 278:32037-32046

55 Denda M. (2011) *Advances in Experimental Medicine and Biology* 704:847-860

56 Huang S. M. (2008) *J Neurosci* 28:13727-13737

57 Skedung L. (2013) *Sci Rep* 3:2617

58 Pruszynski J. A. (2014) *Nat Neurosci* 17:1404-1409

59 Denda M. (2014) *J Acupunct Meridian Studies* 7:92-94

60 Kawai N. (2001) *Neuroreport* 12:3419-3423

61 Oohashi T. (2006) *Brain Res* 1073-1074:339-347

62 Denda M. (2010) *Exp Dermatol* 19:e124-e127

63 Gick B. & Derrick D. (2009) *Nature* 462:502-504

64 Denda M. (2008) *J Invest Dermatol* 128:1335-1336

65 Goto M. (2011) *Exp Dermatol* 20:568-571

66 Tsutsumi M. (2009) *Exp Dermatol* 18:567-570

67 Czeisler C. A. (1995) *N Engl J Med* 332:6-11

68 Lucas R. J. (2013) *Curr Biol* 23:R125-R133

69 Denda M. (2011) *Exp Dermatol* 20:943-944

70 Nakata S. (2012) *Physicochemical and Engineering Aspects* 405:14-18

71 Fuziwara S. (2003) *J Invest Dermatol* 120:1023-1029

놀라운 피부

72   Xu H. (2006) *Nat Neurosci* 9:628-635

73   Amano T. (2012) *PLoS ONE* 7:e33922

74   Busse D. (2014) *J Invest Dermatol* 134:2823-2832

75   Denda M. (2014) *J Invest Dermatol* 134:2677-2679

76   Denda M. (2001) *Biochem Biophys Res Commun* 284: 112-117

77   Bechara A. (1997) *Science* 275:1293-1295

78   Spottiswoode S. J. P. & May E. C. (2003) *J Scientific Exploration* 17:617-641

79   Denda M. (2007) *Exp Dermatol* 16:157-161

80   Tsutsumi M. (2009) *Cell Tissue Res* 338:99-106

81   Tsutsumi M. (2013) *Exp Dermatol* 22:367-369

82   Denda M. (2014) *J Acupunct Meridian Studies* 7:92-94

83   Sapolsky R. M. (1996) *Science* 273:749-750

84   Sorrells S. F. (2009) *Neuron* 64:33-39

85   Arima M. (2005) *J Dermatol* 32:160-168

86   Hashiro M. & Okumura M. (1997) *J Dermatol Sci* 14: 63-67

87   Takei K. (2013) *Exp Dermatol* 22:662-664

88   Denda S. (2012) *Exp Dermatol* 21:535-537

89   Kosfeld M. (2005) *Nature* 435:673-676

90   Takayanagi Y. (2005) *Proc Natl Acad Sci USA* 102: 16096-16101

91   Hollander E. (2003) *Neuropsychopharmacology* 28:193-198

92   Wikström S. (2003) *Int J Neurosci* 113:787-793

93   Slominski A. (2005) *Dermatology* 211:199-208

94   Denda M. (1998) *J Invest Dermatol* 111:858-863

95   Katagiri C. (2003) *J Dermatol Sci* 31:29-35

96   Sato J. (2002) *J Invest Dermatol* 119:900-904

97   Ackerman J. M. (2010) *Science* 328:1712-1714

98   Williams L. E. & Bargh J. A. (2008) *Science* 322:606-607

99   Shibata M. (2012) *Neuroreport* 23:373-377

100   Changizi M. A. (2006) *Biol Lett* 2:217-221

101   Jablonski N. G. (2000) *J Hum Evol* 39:57-106

102   Greaves M. (2014) *Proc Biol Sci* 281:20132955

103   Gunathilake R. (2009) *J Invest Dermatol* 129:1719-

1729

104 Elias P. M. (2013) *J Hum Evol* 64:687-692

105 Enard W. (2002) *Nature* 418:869-872

106 Rogers A. R. (2004) *Curr Anthropol* 45:105-108

107 d'Errico F. (2003) *J World Prehistory* 17:1-70

108 Derex M. (2013) *Nature* 503:389-391

109 Libet B. (1983) *Brain* 106:623-642

110 Libet B. (1985) *Behav Brain Sci* 8:529-566

111 Libet B. (1967) *Science* 158:1597-1600

112 Derex M. (2013) *Nature* 503:389-391

113 Longcamp M. (2008) *J Cognitive Neurosci* 20:802-815

114 Gindrat A. D. (2015) *Curr Biology* 25:109-116

115 Changizi M. A. (2006) *The American Naturalist* 167: E117-E139

116 Henshilwood C. S. (2009) *J Human Evol* 57:27-47

117 Wilkins J. (2012) *Science* 338:942-946

118 Wadley L. (2011) *Science* 334:1388-1391

119 Pike A. W. G. (2012) *Science* 336:1409-1413

120 Aubert M. (2014) *Nature* 514:223-227

121 Wang J. Z. (2010) *Proc Int Conference Multimedia*: 1325-1332

122 Nakatani M. (2011) *Int J Cosmet Science* 33:346-350

123 d'Errico F. (1998) *Antiquity* 72:65-79

124 Conard N. J. (2009) *Nature* 460:737-740

125 Nadel D. (2013) *Proc Natl Acad Sci USA* 110:11774-11778

126 Grosman L. (2008) *Proc Natl Acad Sci USA* 105: 17665-1766

127 Rao R. P. N. (2014) *PLoS ONE* 9:e111332

놀라운 피부

이 도서의 국립중앙도서관 출판시도서목록(CIP)은 서지정보유통지원시스템(http://seoji.nl.go.kr)과 국가자료공동목록시스템(http://www.nl.go.kr/kolisnet)에서 이용하실 수 있습니다.
(CIP제어번호 : CIP2017008321)

생각하고 맛보고 감각하는 제3의 뇌

놀라운 피부

1판 1쇄 인쇄 2017년 4월 25일
1판 1쇄 발행 2017년 5월 1일

글쓴이 덴다 미츠히로
옮긴이 김은영
펴낸이 이경민

편 집 최정미, 유지현, 김은경

펴낸곳 ㈜동아엠앤비
출판등록 2014년 3월 28일(제25100-2014-000025호)
주 소 (03737) 서울특별시 서대문구 충정로 35-17 인촌빌딩 1층
전 화 (편집)02-392-6901 (마케팅)02-392-6900
팩 스 02-392-6902
전자우편 damnb0401@nate.com
블로그 blog.naver.com/damnb0401
페이스북 www.facebook.com/dongamnb

ISBN 979-11-87336-79-2 (03400)
CIP 2017008321

* 책 가격은 뒤표지에 있습니다.
* 잘못된 책은 구입한 곳에서 바꿔 드립니다.